J. Frischauf

Absolute Geometrie nach Johann Bolyai

bremen
university
press

J. Frischauf

Absolute Geometrie nach Johann Bolyai

ISBN/EAN: 9783955622107

Auflage: 1

Erscheinungsjahr: 2013

Erscheinungsort: Bremen, Deutschland

bremen
university
press

ABSOLUTE GEOMETRIE

NACH

JOHANN BOLYAI

BEARBEITET VON

Dr. J. FRISCHAUF,

PROFESSOR AN DER UNIVERSITÄT GRAZ.

LEIPZIG,

VERLAG VON B. G. TEUBNER.

1872.

Vorwort.

Von den Voraussetzungen, welche die Grundlage der euclidischen Geometrie bilden, ist das bekannte elfte Axiom fortwährend angezweifelt worden, ohne dass es gelungen wäre — trotz aller Bemühungen — einen Beweis für dasselbe zu finden. Die Frage nach einem Beweis dieses Axioms wurde erst dann vollständig erledigt, als durch Aufstellung einer in sich widerspruchfreien Geometrie, die sich auf die entgegengesetzte Voraussetzung stützt, die Unbeweisbarkeit dieses Axioms ersichtlich war. Die Idee der Durchführung einer auf der Leugnung des Parallelaxioms beruhenden Geometrie wurde von Gauss bereits 1792 gehegt, aber von ihm ausser Andeutungen in Briefen darüber Nichts veröffentlicht. * Vollständige Darstellungen sind gleichzeitig von dem russischen Mathematiker Lobatschewsky und den beiden siebenbürgischen Mathematikern Wolfgang und dessen Sohn Johann Bolyai gegeben worden. Des letzteren Arbeiten sind in einem Appendix zu einem Werke des ersteren enthalten, und zeichnen sich durch eine wahrhaft meisterhafte Darstellung

---

* In dieser Beziehung ist der Brief vom 12. Juli 1831 sehr interessant. Vergl. Briefwechsel zwischen Gauss und Schumacher. Bd. 2, S. 268—271.

aus. Dieser Appendix des J. B. bildet die Grundlage der vorliegenden Bearbeitung, bei welcher ich hauptsächlich die Einführung in dieses gegenwärtig bereits als höchst wichtiger Theil der Mathematik erkannten Gebietes der reinen Geometrie bezweckte, und wozu wegen ihrer Vollständigkeit und des elementaren Charakters die Schrift Bolyais am geeignetsten sein dürfte.

Bei dieser Gelegenheit dürften auch einige biographische Notizen über das Leben und die Werke dieser beiden erst in der neuesten Zeit gewürdigten Mathematiker am Platze sein. Ich benutzte hierzu die vom Herrn Franz Schmidt, Architekten in Pest, (in Grunerts Archiv Theil XLVIII) gegebene Biographie der beiden Bolyai.

Wolfgang Bolyai de Bolya wurde am 9. Februar 1775 zu Bolya im Szeklerlande in Siebenbürgen geboren, besuchte die Universitäten Jena und Göttingen, wo er mit Gauss bekannt wurde und mit ihm einen bis zum Tode des letzteren dauernden Freundschaftsbund schloss. In die Heimath zurückgekehrt, wurde er 1802 als Professor der Mathematik, Physik und Chemie am reformirten Collegium zu Maros-Vásárhely angestellt, an welchem er bis zu seiner Pensionirung im Jahre 1849 wirkte und wo er am 20. November 1856 starb. Sein Hauptwerk ist ein Lehrbuch der gesammten Mathematik unter dem Titel: „Tentamen Juventutem studiosam in elementa Matheseos purae, elementaris ac sublimioris, methodo intuitiva, evidentique huic propria, introducendi. Cum Appendice triplici. Auctore Professore Matheseos et Physices, Chemiaeque Publ. Ordinario. Tomus Primus. Maros Vásárhelyini 1832. Typis Collegii Reformatorum per Josephum et Simeonem Kali de Felsö Vist." 8°. Mit 4 Kupfertafeln.

Tentamen Juventutem etc. Tomus Secundus, ibidem 1833. Mit 10 Kupfertafeln. . Dem ersten Bande folgt ein Appendix seines Sohnes mit folgendem Titel: „Appendix, scientiam spatii *absolute veram* exhibens: a veritate aut falsitate Axiomatis XI Euclidei (a priori haud unquam decidenda) independentem; adjecta ad casum falsitatis, quadratura circuli geometrica. Auctore Johanne Bolyai de eadem, Geometrarum in Exercitu Caesareo Regio Austriaco Castrensium Capitaneo". Enthält 26 Seiten Text mit einer Figurentafel und 2 Seiten Errata.

Als ein Auszug und Bericht des Tentamen ist die Schrift: „Kurzer Grundriss eines Versuches, I) die Arithmetik, durch zweckmässig construirte Begriffe, von eingebildeten und unendlichkleinen Grössen gereinigt, anschaulich und logisch-streng darzustellen. II) In der Geometrie die Begriffe der geraden Linie, der Ebene, des Winkels allgemein, der winkellosen Formen und der Krummen, der verschiedenen Arten der Gleichheit u. dgl. nicht nur scharf zu bestimmen sondern auch ihr Sein im Raume zu beweisen: und da die Frage, ob zwei von der dritten geschnittene Geraden, wenn die Summa der inneren Winkel nicht $= 2R$, sich schneiden oder nicht? Niemand auf der Erde ohne ein Axiom, wie Euclid das XI., aufzustellen beantworten wird; die davon unabhängige Geometrie abzusondern, und eine auf die Ja-Antwort, andere auf das Nein so zu bauen, dass die Formeln der letzten auf einen Wink auch in der ersten gültig seien. — Nach einem lateinischen Werke von 1829, Maros-Vásárhely, und eben daselbst gedrucktem ungarischen, Maros-Vásárhely 1851." (8⁰, mit 88 Seiten Text) zu betrachten, welche auch einen Vergleich des Appendix mit Lobatschewsky's „Geometrische Untersuchungen" enthält.

Sämmtliche Schriften W. Bolyai's sind ohne Namen des Verfassers erschienen. Ausser seinen Berufsgeschäften beschäftigte sich W. Bolyai in der ersten Zeit viel mit Poesie. Johann Bolyai de Bolya, Sohn des Vorigen, wurde am 15. November 1802 zu Klausenburg in Siebenbürgen geboren, kam in die k. k. Ingenieur- Akademie nach Wien, wurde 1823 zum Officier befördert und 1833 als Hauptmann pensionirt. Von seinen Schriften ist nur der im ersten Band des Tentamen erwähnte Appendix im Druck erschienen. Im Jahre 1860 (der Todestag ist unbekannt) starb J. B. zu M. Vásárhely.

Beide Männer waren tiefdenkende Mathematiker, von W. B. erklärte Gauss, dass er der Einzige gewesen sei, der in seine metaphysischen Ansichten über Mathematik einzugehen verstanden habe. Des J. B. literarischer Nachlass wurde in Folge einer militärischen Verordnung durch einander geworfen, derselbe befindet sich gegenwärtig im Besitz der k. ungarischen Akademie, die eine Ausgabe desselben veranstalten will.

Was meine Bearbeitung anbelangt, so war ich anfänglich im Zweifel, ob ich eine getreue Uebersetzung des erwähnten Appendix mit Zusätzen und Erläuterungen oder eine freie Bearbeitung geben soll. Eine Uebersetzung mit Commentar wäre jedoch, wenn sie Anfänger über alle Dunkelheiten hätte heraushelfen sollen — wegen der Natur des sich an W. B. Tentamen anschliessenden Appendix — etwas unförmlich geworden; zu einer freien Bearbeitung hatte ich mich ausserdem um so eher entschlossen, als ich durch eine freundliche Mittheilung des Herrn Architekten Schmidt die Nachricht erhielt, dass Herr Dr. König, der Herausgeber des Nachlasses von Bolyai, eine Ausgabe des Appendix mit den im Nachlasse enthaltenen

Zusätzen beabsichtige. Bei dieser Bearbeitung suchte ich meist durch eigene Untersuchungen dem Gegenstande einen gewissen Abschluss zu geben, und durch möglichst natürliche Anordnung das Verständniss zu erleichtern. Schwer fiel mir die Wahl der aus den Elementen als bekannt vorauszusetzenden Sätze; ich habe in den ersteren Artikeln sogar einige Sätze mit Beweis aufgenommen, welche in den meisten Lehrbüchern vorkommen, blos um ihre Unabhängigkeit vom Parallelenaxiom ersichtlich zu machen. Durch die im Artikel 10 des Anhanges enthaltenen Erläuterungen kann die Anwendung der höheren Analysis in den Berechnungen vermieden werden. Da ferner die Artikel 48—57 als vom Haupttexte unabhängig betrachtet werden können, so erfordert der wesentliche Inhalt dieser Schrift ein Minimum von Vorkenntnissen.*

Um auch Lesern, welche nicht den Appendix zur Hand haben, eine klare Einsicht in dessen Inhalt und Anordnung

---

* Ich glaubte diesen Umstand hier besonders hervorheben zu müssen, da mir von Seite des k. k. Unterrichtsministeriums die Vorlesungen des Wintersemesters 1871/2 „Pangeometrie und Projectivität" als zu schwierig beanstandet wurden — trotz der an unseren Universitäten doch herrschenden Lehr- und Lernfreiheit. Selbstverständlich hatte ich diese auf einer schon unglaublichen Ignoranz beruhende Beanständigung in gebührender Weise zurückgewiesen. Der betreffende Herr Referent kann sich nun hinsichtlich der in dieser Schrift gegebenen Pangeometrie von der Richtigkeit meiner damaligen Entgegnung überzeugen, für Projectivität wolle er eines der vollständigeren Lehrbücher der Elementargeometrie oder der neueren Geometrie zur Hand nehmen. Was man aber von unseren österreichischen Reformbestrebungen auf dem Gebiete des Unterrichtes zu halten hat, wenn sich das k. k. Ministerium für Universitäts-Vorlesungen solcher Referenten bedient, die kaum ein auf neuerem Standpunkt basirtes Lehrbuch für Mittelschulen gesehen haben, will ich hier nicht erörtern.

zu geben, möge das Verhältniss zur Bearbeitung dargelegt
werden. S. 1 des Appendix enthält die Erklärung der
Zeichen, von welchen die nicht allgemein gebräuchlichen
hier grösstentheils vermieden wurden Der Haupttext
S. 3—26 enthält 43 Paragraphen des nachstehenden Inhalts:
§ 1 enthält die Definition der Parallelen des Art. 8 und d)
des Art. 5. Die im Art. 8 gegebene Eintheilung der Geraden einer Ebene ist nach Lobatschewsky. § 2 = Art. 9. 1).
§ 3 enthält die Vorbemerkung des Art. 9, 3), a). § 4 ist
Hülfssatz zu §§ 5 und 6 des Satzes Art. 9, 2). § 7 =
Art. 9, 3). § 8 ist im Schluss des Art. 9, 2). § 9 =
Art. 23, 1); der Beweis für Art. 23, 2) fehlt bei B. § 10
= Art. 24. §§ 11 und 12 = Art. 25 und 26. §§ 13 und
14 = Art. 7, 2) und Art. 10. § 15 enthält die Erklärung,
dass die auf das euclidische Axiom sich stützende Geometrie durch System Σ, die nicht euclidische Geometrie
durch System S bezeichnet wird; ist kein Zusatz gegeben,
so gelten die Sätze absolut. § 16 enthält den Anfang der
Anmerkung des Art. 27, dass die Grenzlinie im System Σ
eine Gerade, im System S eine Curve ist. § 17 und 18 =
Art. 27. § 19 = Art. 26, 1). §§ 20 und 21 = Art. 28.
§ 22 = Art. 26, 3). §§ 23 und 24 = Art. 31. § 25 =
Art. 29. § 26 = Art. 30. § 27 enthält die im Art. 34
enthaltene Bestimmung des Verhältnisses der Linie gleichen Abstandes zur zugehörigen Strecke der Geraden, ohne
ausführlicher auf die Natur dieser Linien einzugehen.
§ 28 = Art. 32. § 29 = Art. 33. § 30 = Art. 35 § 31
enthält die Ableitung der Gleichungen 1) bis 4) des Art. 44
für das rechtwinklige Dreieck. Die Gleichung 3) ist bei
Bolyai anders abgeleitet. § 32 enthält die Materien der
Art. 48, 49, 50, 58, 64, 67, kurze Bemerkungen über
Flächenbestimmungen und Krümmungen, Art. 59 ohne Zu-

satz, Art. 60, 66, Zusätze der Art. 59 und 66, Art. 69,
65, 68, den Beweis, dass für $k = \infty$ die nichteuclidische
Geometrie in die euclidische übergeht (nach Anhang, Art. 9).
§ 33 enthält Erweiterungen dieser Bemerkungen, welche
in Art. 46 und 47 noch ausführlicher behandelt sind. § 34
= Art. 36. § 35 = Art. 37. § 36 = Art. 19. § 37 =
Art. 38 und Art. 39 bis Beispiel. Die in Art. 39 enthaltenen Sätze und Aufgaben sind bei Bolyai nur angedeutet.
§ 38 = Beispiel des Art. 39. § 39 = Art. 40. § 40 =
Art. 41. § 41 = Art. 42. § 42 erste Abtheilung = Art. 43,
die zweite Abtheilung ist im Art. 66 enthalten. § 43 =
Art 61, 62, 63; die im Art. 63 enthaltenen Aufgaben
sind meist nur angedeutet. Dann folgt noch die Bemerkung, dass zur Ergänzung der Untersuchungen der Beweis
der Unmöglichkeit der Entscheidung, ob das System $\varSigma$
oder irgend ein System S in Wirklichkeit stattfindet, übrig
wäre. Dies sei für eine günstigere Gelegenheit vorbehalten.

Hinsichtlich der nicht bei Bolyai enthaltenen Artikel
mag bemerkt werden, dass von fremden Schriften für
dieselben nur die „geometrischen Untersuchungen" von
Lobatschewsky benutzt wurden. Die im Art. 14, 4) an-
geführte Eigenschaft der nicht schneidenden Geraden
wurde bei der Discussion der wie ich glaube hier (d. i.
in Art. 51—53) zum ersten Male gegebenen Gleichung der
Geraden für rechtwinklige Coordinaten gefunden und nach-
träglich auch auf synthetischem Wege bewiesen. Die Ent-
stehung der Geraden und Ebene nach W. Bolyai dürfte
allgemeines Interesse haben, einige unwesentliche Aende-
rungen ausgenommen ist dabei die im „kurzen Grundriss"
enthaltene Darstellung gewählt worden. Gerne hätte ich
auch eine nähere Angabe der im Kasaner Boten für das
Jahr 1829 und in den „gelehrten Schriften der Universität

Kasan" für das Jahr 1836 — 1838 enthaltenen Arbeiten Lobatschewsky's und von Schweikart's „Die Theorie der Parallellinien nebst Vorschlag zu ihrer Verbannung aus der Geometrie (Leipzig, 1808)" gegeben, wenn es mir möglich gewesen wäre, diese Schriften zur Ansicht zu bekommen.

Herr Architekt Schmidt hatte mir gütigst ein completes Exemplar des so seltenen „Tentamen" und des „kurzen Grundrisses" besorgt, für welche Bemühungen ich ihm meinen innigsten Dank ausspreche. Ebenso fühle ich mich verpflichtet, meinem Zuhörer Herrn Johann Gerst für seine bereitwillige Unterstützung bei der Correctur des Druckes zu danken.

Graz, im September 1872.

J. Frischauf.

Inhalt.

Einleitung.

1.

Durch das Wegdenken der in unserem (empirischen) Raum sich befindlichen Objecte gelangt man zum Begriffe des absoluten (leeren) Raumes. Dieser Raum — eigentlich Raumform — bildet den Ausgangspunkt der Geometrie.

Punkt, Linie, Fläche und Körper sind die Grundgebilde der Geometrie. Jedes Gebilde kann von einem Orte des Raumes an einen anderen gebracht werden; zwei Gebilde, etwa A und B, welche sich nur durch die Orte, an denen sie sich befinden, unterscheiden, werden congruente Gebilde genannt und durch $A \backsim B$ bezeichnet. Zwei Gebilde, welche aus congruenten Theilen in beliebiger Weise zusammengefügt sind, werden gleich genannt, und zwar inhaltsgleich oder flächengleich, je nachdem Körper oder Flächenräume in Betracht kommen.

Anmerkung. Die Voraussetzung der Congruenz ist bei allen auf Grössenbestimmungen bezüglichen Untersuchungen unerlässlich; denn jede Grössenbestimmung setzt die Möglichkeit des Abtragens der Grösseneinheit von einer (zu messenden) gegebenen Grösse, also die Unabhängigkeit der Grössen vom Orte voraus.

2.

Aus der Verbindung der Grundgebilde entstehen neue, durch die Art der Verbindung definirte Gebilde. Eine Linie, welche durch zwei Punkte bestimmt ist, heisst eine

Gerade. Das zwischen den Punkten A und B liegende Stück der Geraden wird eine Strecke genannt. Die Strecke bestimmt den Abstand der beiden Punkte A und B. Die Kreislinie ist eine ebene Linie, deren Punkte von einem nicht in ihr liegenden Punkte gleichen Abstand haben, u. s. w.

Eine Fläche, welche durch drei Punkte bestimmt ist, heisst eine Ebene. Durch eine Gerade und einen Punkt ausserhalb derselben ist daher eine Ebene bestimmt. Die Kugelfläche ist eine Fläche, deren Punkte von einem nicht in ihr liegenden Punkte gleichen Abstand haben, u.s.w. (Siehe Anhang, Art. 1—4.)

3.

Die Gebilde werden in begrenzte und unbegrenzte unterschieden, bei den ersteren liegen alle Punkte im Endlichen.

In einer Geraden kann man zwei entgegengesetzte Richtungen unterscheiden, nach welchen sie ins Unbegrenzte verlängert werden kann. Ist daher in einer Ebene eine allseitig begrenzte Figur gegeben und schneidet eine in derselben Ebene liegende Gerade den Umfang einmal, so muss sie hinreichend verlängert denselben mindestens noch einmal schneiden. Ebenso schneidet eine Gerade eine andere, wenn sie von der einen Seite derselben auf die entgegengesetzte übergeht.

Die Aufgabe der Geometrie besteht nun in der Erforschung der Eigenschaften sowol einfacher Gebilde als auch solcher, die aus der Verbindung gegebener Gebilde und unter Voraussetzung des Congruenz-Axioms erhalten werden.

Anmerkung. Die Versinnlichung von geometrischen Figuren und ihren Beziehungen durch Zeichnung hat nur den Zweck, eine

Uebersicht der Lagenverhältnisse und der Anordnung im Allgemeinen zu vermitteln. Daraus folgt, dass es nicht nöthig ist, die wahren Dimensionen (oder deren Verhältnisse) der Figuren durch eine Zeichnung darzustellen — was für räumliche Gebilde auch unmöglich ist —; sondern es genügt, wenn die Linien, Winkel, . . der Figur durch Linien, Winkel, . . in der Zeichnung versinnlicht sind, ohne dass man sich zu sehr um die Richtigkeit der einzelnen Verhältnisse zu kümmern braucht. Diese Verzerrung kann sogar in den einzelnen Theilen der Zeichnung wechseln; namentlich für diejenige Theile der Figur, welche in der vorliegenden Untersuchung gar nicht in Betracht kommen, kann die Abweichung ziemlich bedeutend werden, während es zweckmässig ist, von den in Untersuchung gezogenen Theilen der Figur eine möglichst richtige Zeichnung zu liefern. Diese beiläufige Andeutung der Lagenverhältnisse der Figuren findet in der absoluten Geometrie häufig statt. Aber auch in den angewandten mathematischen Wissenschaften verfährt man ja auf dieselbe Art. Z. B. Die nahezu kreisförmigen Planetenbahnen werden bei der Untersuchung der elliptischen Bewegung durch stark excentrische Ellipsen, hingegen, wenn es sich um die Anordnung der Bahnen im Sonnensystem handelt, durch Kreise, deren Radien nicht in den Verhältnissen der mittleren Entfernungen stehen, sondern so gewählt werden, dass man eine bequeme Zeichnung erhält, versinnlicht.

Das geradlinige Dreieck.

4.

Zwei Dreiecke sind congruent, wenn sie:

    a) zwei Seiten und den eingeschlossenen Winkel,
    b) zwei Winkel und die anliegende Seite,
    c) die drei Seiten,
    d) zwei Seiten und den der grösseren Seite gegenüberliegenden Winkel

wechselweise gleich haben.

Gleichen Seiten eines Dreiecks liegen gleiche Winkel gegenüber und umgekehrt.

5.

1) Man kann jedes Dreieck ABC in ein flächenglei-

Fig. 1.

ches ABE verwandeln, in welchem die Summe der Winkel A und E gleich dem Winkel A des gegebenen Dreiecks ABC ist.

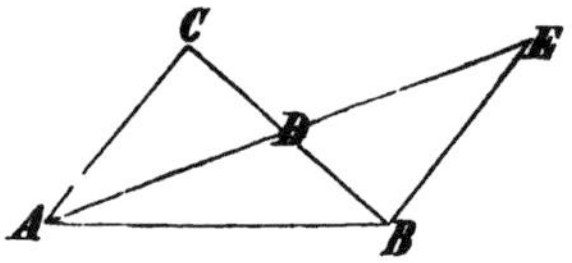

Verbindet man die Mitte D der Seite BC mit dem Punkt A und macht die Verlängerung $DE = AD$, so ist

$$\triangle ADC \backsim \triangle EDB;$$

addirt man dazu das Dreieck ABD, so erhält man den obigen Satz.

2) Es sei A der kleinste Winkel des Dreiecks ABC, dieser wird in zwei Theile EAB und $EAC = AEB$ zerlegt, welche entweder gleich oder verschieden sein können. Wendet man das obige Verfahren auf das Dreieck ABE derart an, dass man wieder den kleinsten Winkel in zwei Theile zerlegt, so erhält man ein neues Dreieck, dessen Fläche und Winkelsumme gleich ist der Fläche und Winkelsumme des ursprünglichen Dreiecks ABC und in welchem zwei Winkel zusammen gleich oder kleiner sind als die Hälfte des kleinsten Winkels A des gegebenen Dreiecks. Durch n malige Anwendung dieser Operation erhält man ein Dreieck LMN, welches mit dem Dreiecke ABC gleiche Fläche und Winkelsumme hat und in welchem die Summe zweier Winkel, etwa M und N kleiner ist als $A : 2^n$, also (für ein hinreichend grosses n) kleiner gemacht werden kann als jede noch so kleine gegebene Grösse.

Daraus folgt: Die Summe der drei Winkel eines Dreiecks ABC kann nicht grösser sein als zwei Rechte. Denn
wäre die Winkelsumme $= 2R + \alpha$, so könnte man aus
dem Dreiecke ABC ein Dreieck LMN erhalten, in welchem die Summe zweier Winkel kleiner als α, der dritte
Winkel also grösser als $2R$ sein müsste.

    a) Die Summe der Winkel eines Dreiecks ist daher
      entweder gleich oder kleiner als zwei Rechte.

    b) Der Aussenwinkel eines Dreiecks ist entweder
      gleich oder grösser als die Summe der beiden
      inneren nicht anliegenden Winkel.

    c) Damit beweist man auf die bekannte Art: In
      jedem Dreieck liegt der grösseren Seite der
      grössere Winkel gegenüber, und umgekehrt.
      Zwei Seiten eines Dreiecks sind grösser als die
      dritte, u. s. w.

    d) Durch einen Punkt B ausserhalb einer Geraden
      AA' kann man eine
      Gerade BM derart
      ziehen, dass sie mit
      der Geraden AA'
      einen beliebig klei-
      nen Winkel bildet.

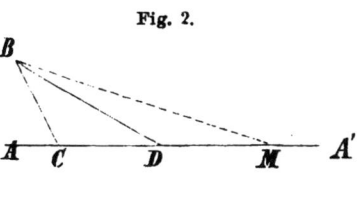

Fig. 2.

Man ziehe willkürlich die Gerade BC, welche mit der
Geraden AA' den spitzen Winkel ACB bildet, mache
$CD = BC$, so ist in dem gleichschenkligen Dreieck BCD
nach b) der Winkel $D \lessgtr \frac{1}{2} ACB$.

Durch fortgesetzte Wiederholung dieser Construction
erhält man schliesslich eine Gerade BM, die mit der
Geraden AA' einen Winkel bildet, der kleiner ist als
jede beliebig kleine Grösse.

6.

Ist in einem Dreieck ABC die Summe der Winkel gleich zwei Rechte, so ist auch die Summe der Winkel eines jeden Dreiecks gleich zwei Rechte.

1) Beträgt die Winkelsumme des Dreiecks ABC zwei

Fig. 3.

Rechte, so beträgt dieselbe auch in jedem vom Dreieck ABC abgeschnittenen Dreiecke wie ADC, ADE zwei Rechte.

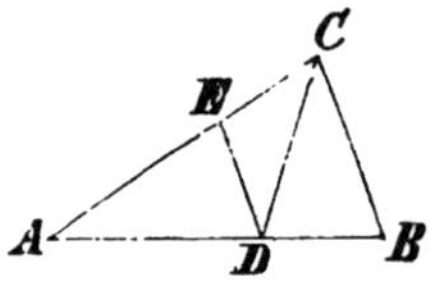

Denn würde die Winkelsumme der Dreiecke ADC und DBC resp. $2R - x$ und $2R - y$ betragen, so erhielte man durch Addition der Winkelsummen der beiden Dreiecke $2R - (x + y)$ als Winkelsumme des Dreiecks ABC. Dasselbe gilt auch vom Dreiecke ADE.

2) Zerlegt man das Dreieck ABC durch die Höhe

Fig. 4.

CD in zwei rechtwinklige Dreiecke, so kann man eines derselben, etwa ADC durch Anlegung eines congruenten zu einem Viereck $ADCE$ ergänzen, in welchem jeder Winkel ein rechter ist.

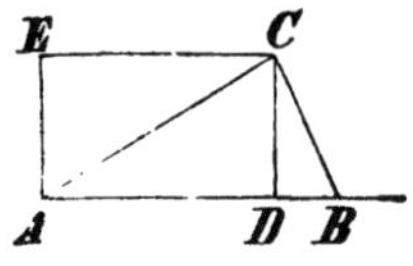

Aus dem Vierecke $ADCE$ kann durch fortgesetzte Anlegung des gegebenen ein anderes Viereck mit vier rechten Winkeln und den in eine Ecke zusammenpassenden Seiten von der Länge mAE und EC und aus diesem wieder ein Viereck mit abermals vier rechten Winkeln und den in eine Ecke zusammenstossenden Seiten mAE und nEC, wo m und n beliebig grosse Zahlen sind, erhalten werden. Dieses Viereck wird durch eine Diagonale in zwei congruente rechtwinklige Dreiecke getheilt, für welche

die Winkelsumme je $2R$ beträgt. Von einem solchen Dreieck kann man jedes beliebige andere rechtwinklige abschnei-
den; die Winkelsumme eines jeden rechtwinkligen, also
auch jedes beliebigen Dreiecks beträgt daher zwei Rechte.

Daraus folgt mit Berücksichtigung des vorigen Artikels: Die Summe der Winkel eines Dreiecks ist entweder in
jedem Dreieck gleich zwei Rechte oder sie ist in jedem
Dreieck kleiner als zwei Rechte.

Die Entscheidung, welche von diesen beiden Annah-
men in der Wirklichkeit stattfindet, steht in Zusammen-
hang mit der Untersuchung der einander nicht schneidenden Geraden, welche in derselben Ebene liegen.

Nicht schneidende Gerade in derselben Ebene, parallele Gerade.

7.

1) Zwei Gerade AA' und BB', welche von einer
dritten Geraden AB derart geschnitten
werden, dass die Summe der innern Winkel, welche auf derselben Seite der schneidenden Geraden AB liegen, zwei Rechte
beträgt, können sich nicht schneiden.

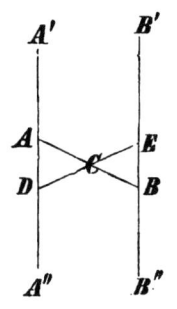

Fig. 5.

Sind AA'' und BB'' die Rückverlängerungen von AA' und BB', so können
die Gebilde $A'ABB'$ und $B''BAA''$ zur
Deckung gebracht werden. Würden sich
daher AA' und BB' schneiden, so müssten sich auch
AA'' und BB'' schneiden. Es ist daher die Existenz von
einander nicht schneidenden Geraden in derselben Ebene
nachgewiesen.

(2 Ist C die Mitte von AB, und DE eine beliebige durch C gezogene Gerade, so beträgt auch die Summe der beiden auf derselben Seite von DE liegenden Winkel zwei Rechte.

Aus $\varDelta CAD \backsimeq \varDelta CBE$ folgt Winkel $ADC = CEB$, also

$$A'DE + B'ED = A'DE + (2R - A'DE) = 2R.$$

8.

Man kann nach dem vorigen Artikel in einer Ebene durch einen Punkt A ausserhalb einer Geraden $B'B''$ mindestens eine die Gerade BB' nicht schneidende Gerade $A'A''$ ziehen, indem man etwa $AB \perp B'B''$ und $A'A'' \perp AB$ zieht. Alle im Punkt A halbbegrenzten Geraden auf derselben Seite der Geraden AB, welche ausserhalb des Streifens $A'A''$ und $B'B''$ fallen, schneiden die Gerade BB' nicht; hingegen kann man innerhalb der halbbegrenzten Fläche $A'ABB'$ Gerade (wie AC in der Figur) ziehen, welche die Gerade BB' schneiden; d. h. man kann alle auf derselben Seite der Geraden AB liegenden im Punkte A halbbegrenzten Geraden in zwei Classen bringen: 1) in solche, welche die Gerade BB' nicht schneiden, und 2) in solche, welche die Gerade BB' schneiden. Die gemeinsame Grenzlinie dieser beiden Classen wird die Parallele zur Geraden BB' genannt; diese Grenzlinie ist nun entweder mit der Geraden AA' identisch oder liegt innerhalb des Streifens $A'ABB'$, in diesem Falle sei etwa die Gerade AD die Parallele. In jedem Falle besteht das Kennzeichen der Parallelen durch einen Punkt A zu einer Geraden BB'

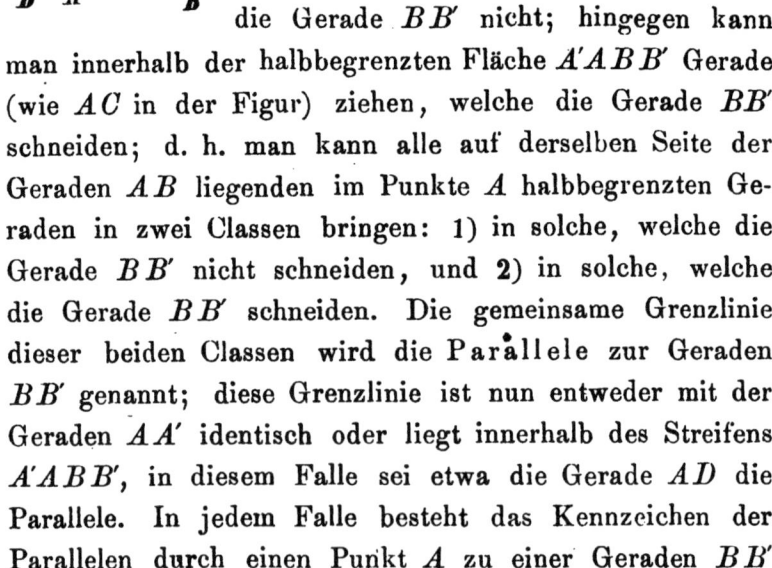

Fig. 6.

darin, dass sie der Geraden BB' nicht begegnet, dass aber jede andere Gerade, wie z. B. die Gerade AC, die man gegen die Gerade BB' hin unter einem noch so kleinen Winkel resp. CAA' oder CAD mit der Parallelen zieht, die Gerade BB' schneidet.

Ist die Parallele die Gerade AA', dann werden alle übrigen durch den Punkt A gezogenen Geraden die Gerade $B'B''$ schneiden.

Ist eine von AA' verschiedene Gerade, etwa die Gerade AD die Parallele, so mache man auf der entgegengesetzten Seite von AB den Winkel $BAE = BAD$. Die Gerade AE ist dann die Parallele zur Geraden BB'' und sind AD' und AE' die Rückverlängerungen von AD und AE, so werden alle innerhalb der Winkel DAE' und EAD' gezogenen Geraden (mit sammt ihren Rückverlängerungen) nicht schneidende Gerade zur Geraden $B'B''$ sein, während die übrigen Geraden (oder ihre Rückverlängerungen) die Gerade $B'B''$ schneiden. Man erhält in diesem Falle für den Punkt A ausserhalb der Geraden $B'B''$ folgende Classen von Geraden: 1) Schneidende Gerade, 2) Nichtschneidende Gerade, 3) Zwei durch den Punkt A gehende parallele Gerade, nämlich die Gerade AD parallel zur Geraden BB' und die Gerade AE parallel zur Geraden BB'' (die Rückverlängerung von BB'). In diesem Falle muss man ausserdem die Richtung des Parallelismus berücksichtigen, während dies im vorigen Falle überflüssig ist.

Dass die Gerade AB — in der Richtung von A nach B — zur Geraden CD — in der Richtung von C nach D — parallel ist, wird durch

$$AB \parallel CD$$

bezeichnet

9.

Aus der Definition für Parallele ergeben sich folgende Eigenschaften:

1) Eine Gerade AA' ist an allen ihren Punkten zu

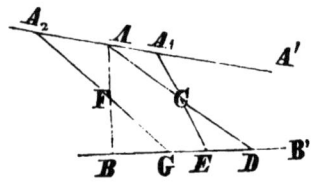

Fig. 7.

einer Geraden BB' parallel, d. h. ist $AA' \parallel BB'$, so ist auch $A_1A' \parallel BB'$, $A_2A' \parallel BB'$, .. wo A_1, A_2, .. beliebige Punkte der nach beiden Richtungen unbegrenzten Geraden AA' sind.

a) Liegt der Punkt A_1 auf der Geraden AA', so ziehe man die Gerade A_1C unter einem beliebig kleinen Winkel $A'A_1C$. Für jeden Punkt C der halbbegrenzten Geraden A_1C schneidet die Gerade AC die Gerade BB' etwa in D. In das Dreieck ABD, wo $AB \perp BB'$ ist, tritt die unbegrenzte Gerade A_1C ein, sie muss daher den Umfang desselben nochmals und zwar in einem Punkte der Seite BD, etwa in E, schneiden.

b) Liegt der Punkt A_2 in der Rückverlängerung der Geraden AA', so ziehe man die Gerade A_2F unter einem so kleinen Winkel, dass die Gerade AB in F geschnitten wird. Macht man den Winkel $A'AD = A'A_2F$, so schneidet die unbegrenzte Gerade A_2F den Umfang des Dreiecks ABD nochmals und zwar in einem Punkte der Seite BD, etwa in G.

2) Zwei Gerade sind stets gegenseitig parallel; d. h. ist $AA' \parallel BB'$, so ist auch $BB' \parallel AA'$.

Ist $AA' \parallel BB'$, so kann man für jeden beliebigen Punkt A der Geraden AA' einen Punkt B der Geraden BB'

derart finden, dass Winkel $A'AB$ $= B'BA$ ist. Nach Artikel 5, d) kann man eine Gerade AC so ziehen, dass der Winkel $A'AC < ACB'$ ist. Macht man auf der Geraden CB von C aus die Strecke $CD = AC$, so ist der Winkel $B'DA = DAC$

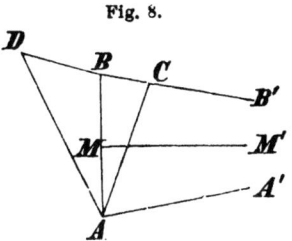

Fig. 8.

$< DAA'$. Bewegt man nun den Punkt C bis D, und verbindet seinen jedesmaligen Ort mit dem Punkte A, so erhält man für einen auf der Strecke CB liegenden Punkt, etwa B, eine Verbindungslinie AB derart, dass $A'AB = B'BA$ ist, woraus unmittelbar die Eigenschaft der Gegenseitigkeit des Parallelismus folgt.

Ist M die Mitte der Strecke AB, $MM' \perp AB$, so ist $MM' \parallel AA'$ und $MM' \parallel BB'$. Denn würde die Gerade AA' die Gerade MM' schneiden, so müsste auch die BB' die MM' in demselben Punkte schneiden. Zieht man AC unter einem beliebig kleinen Winkel $A'AC$, so begegnet dieselbe der Geraden BB', also auch der Geraden MM'.

3) Zwei Gerade BB' und CC', welche einer und derselben Geraden AA' nach derselben Richtung parallel sind, sind zu einander parallel.

a) Die drei Geraden AA', BB', CC' liegen in derselben Ebene.

Dass die Geraden BB' und CC' sich nicht schneiden können, folgt unmittelbar daraus, weil sonst durch den Durchschnittspunkt nach derselben Seite mit der Geraden AA' zwei Parallele möglich wären.

Folgen die drei Geraden in der Ordnung AA', BB', CC' auf einander, so ziehe man von einem Punkte C der Geraden CC' die Gerade CD unter einem beliebig kleinen Winkel CCD gegen die Gerade AA', welche also diese

Gerade, etwa in D, mithin auch die Gerade BB', etwa in E, schneidet.

Folgen die Geraden in der Ordnung BB', AA', CC' auf einander, so ziehe man von einem beliebigen Punkt der Geraden BB' oder CC', etwa vom Punkt C der Geraden CC', eine Gerade unter einem beliebig kleinen Winkel DCC' gegen die Gerade AA', welche also die Gerade AA', etwa in D, schneidet. Die Verlängerung der Geraden CD schneidet, wegen $AA' \parallel BB'$, die Gerade BB' in einem Punkte, etwa in E.

b) Die Ebenen $A'AB$ und $A'AC$ bilden mit einander einen Winkel.

Zunächst ist zu beweisen, dass die Geraden BB' und CC' in einer Ebene liegen.

Ist BD eine Gerade in der Ebene der Parallelen AA'

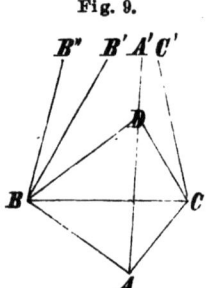

Fig. 9.

und BB', so begegnet diese der Geraden AA' etwa in D. Die Ebene CBD begegnet der Ebene der Parallelen AA' und CC' in der Geraden CD.

Man bewege die Ebene CBD so lange, bis der Durchschnittspunkt D verschwindet; dies ist der Fall, wenn die Gerade BD mit der Geraden BB', also die Ebene CBD mit der Ebene CBB' zusammenfällt. Auf gleiche Weise fällt dann die Ebene BCD mit der Ebene BCC' zusammen. Die Geraden BB' und CC' liegen daher in dieser Endlage der Ebene BCD.

Dass $BB' \parallel CC'$ ist, folgt nun so: Wäre in der Ebene der Geraden BB' und CC' die Gerade $BB'' \parallel CC'$, so müssten (nach dem eben bewiesenen, wegen $AA' \parallel CC'$,) die Geraden BB'' und AA' in derselben Ebene liegen;

die beiden Ebenen $BB'CC'$ und $AA'BB'$ hätten dann zwei Gerade BB' und BB'' gemeinsam, was unmöglich ist.

Zusatz. Aus b) kann a) so erhalten werden: Es sei DD' ausserhalb der Ebene AA', BB', CC' und $DD' \parallel AA'$. Dann ist, wegen $AA' \parallel BB'$, $AA' \parallel DD'$, nach b) $DD' \parallel BB'$. Auf gleiche Weise folgt $DD' \parallel CC'$ und damit wieder nach b) $BB' \parallel CC'$.

Winkel zweier Parallelen mit einer schneidenden Geraden.

10.

Ist für irgend zwei Parallele AA' und BB' die Summe der inneren Winkel A und B auf derselben Seite einer schneidenden Geraden AB gleich zwei Rechte, so ist dies auch für jedes andere Paar Parallele CC' und DD' der Fall.

Fig. 10.

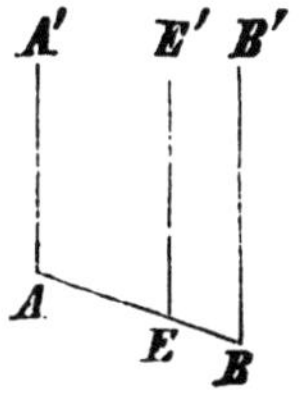

Man kann nach Art. 7, 2) immer voraussetzen, dass der Winkel $A'AB = C'CD$ ist. Legt man die Figur $C'CDD'$ so auf die Figur $A'ABB'$, dass die Geraden AA' und CC', CD und AB in ihrer Richtung zusammenfallen, so falle der Punkt D auf E und die Gerade DD' nach EE'.

Liegt der Punkt E auf der Strecke AB, so folgt nach Art. 9, 3) aus

$AA' \parallel BB'$, CC' oder $AA' \parallel DD'$ oder EE', $AA' \parallel EE' \parallel BB'$.

Ist die Summe der inneren Winkel $A'AE + E'EA$
$= 2R - x$, $E'EB + B'BE = 2R - y$, wo x und y positiv sind, so erhält man durch Addition

$$A'AB + B'BA = 2R - (x + y),$$

also

$$x + y = 0;$$

was nur möglich ist, für $x = 0$ und $y = 0$.

Fällt der Punkt D in den Punkt B, so fällt die Gerade DD' mit der Geraden BB' zusammen.

Fällt der Punkt D ausserhalb der Strecke AB, so kann man aus der Figur $A'ABB'$, indem man mit ihr congruente Figuren zusammenfügt, eine derartige erhalten, dass der Punkt E auf die Strecke AB oder in den Endpunkt B der neuen Figur fällt. Vergl. Art. 6.

Daraus folgt, dass die Summe der inneren Winkel zweier Parallelen mit einer schneidenden Geraden entweder jedesmal zwei Rechte beträgt oder jedesmal kleiner als zwei Rechte ist.

Zusammenhang der Parallelen und der Winkelsumme des Dreiecks. Euclidische Geometrie.

11.

Beträgt die Summe der inneren Winkel zweier Parallelen mit einer schneidenden Geraden zwei Rechte, so ist durch jeden Punkt ausserhalb einer Geraden nur eine einzige Parallele möglich, und alle andern (in derselben Ebene) durch diesen Punkt gezogenen Geraden schneiden die gegebene Gerade. Unter dieser Voraussetzung beträgt auch die Winkelsumme eines jeden Dreiecks zwei Rechte.

Zieht man nämlich durch eine Spitze, etwa B, die Gerade $B'B''$ parallel zur gegenüberliegenden Seite AC des Dreiecks ABC, so ist

Fig. 11.

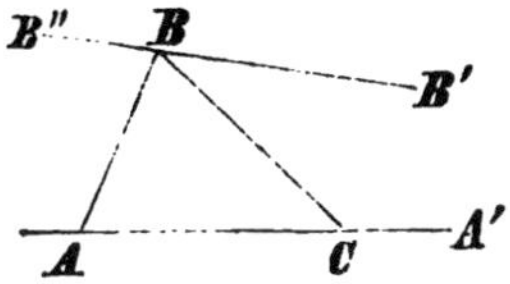

Winkel $A = ABB''$, $C = CBB'$,
also

$$A + B + C = 2R.$$

Umgekehrt. Beträgt die Winkelsumme eines Dreiecks zwei Rechte, so ist die Summe der inneren Winkel zweier Parallelen mit einer schneidenden Geraden gleich zwei Rechte.

Wäre nämlich für $AA' \parallel BB'$ Winkel $A'AB + B'BA$ $= 2R - \alpha$, so könnte man nach Art. 5, d) ein Dreieck ABC construiren, in welchem der Winkel $C < \alpha$ vorausgesetzt werden kann, also der Winkel $ABC > ABB'$ sein müsste, was unmöglich ist, da BC innerhalb der Figur $A'ABB'$ fallen muss.

Die beiden Voraussetzungen: 1) die Summe der inneren Winkel zweier Parallelen mit einer schneidenden Geraden beträgt zwei Rechte, und 2) die Summe der Winkel eines Dreiecks beträgt zwei Rechte, sind daher mit einander identisch. Dasselbe gilt von der Voraussetzung: durch einen Punkt ausserhalb einer Geraden ist nur eine einzige, die gegebene Gerade nicht schneidende Gerade möglich.

12.

Aus den Voraussetzungen des vorigen Artikels, welche mit dem sogenannten elften Axiom Euclid's „Zwei Gerade, welche von einer dritten so geschnitten werden, dass die beiden innern an einerlei Seite liegenden Winkel zusammen kleiner als zwei Rechte sind, schneiden sich hinreichend verlängert an eben dieser Seite" identisch sind, erhält man die gewöhnliche „euclidische" Geometrie. In dieser haben die Punkte der Parallelen gleiche Abstände, und umgekehrt: der Ort aller Punkte, welche von einer Geraden gleichen Abstand haben, ist eine zur ersteren parallele Gerade. (Siehe Anhang, Art. 5—6.)

Nichteuclidische Geometrie.

18.

Die Erfolglosigkeit aller Bemühungen eines Beweises des elften euclidischen Axioms haben schliesslich dahin geführt, die zweite noch mögliche — diesem Axiom entgegenstehende — Voraussetzung, „dass die Summe der innern Winkel zweier Parallelen mit einer schneidenden Geraden oder die Summe der Winkel eines geradlinigen Dreiecks kleiner als zwei Rechte ist", zu untersuchen. Die consequente Durchführung der letzteren Voraussetzung liefert ebenfalls eine in sich widerspruchfreie Geometrie, welche von Gauss (der sich seit 1792 damit beschäftigte) die nichteuclidische*, von Lobatschewsky die imaginäre** und von J. Bolyai die absolute Geometrie genannt wurde.*** Eine Uebereinstimmung der beiden Geometrien kann nur in den auf die Congruenz allein sich

---

* Briefwechsel zwischen Gauss und Schumacher. Briefe vom Jahre 1831 und 1846.

** Kasaner Bote vom Jahre 1829. Gelehrte Schriften der Universität Kasan 1836—1838, Géométrie imaginaire. Crelle J. B. 17.

Geometrische Untersuchungen zur Theorie der Parallellinien, Berlin 1840.

Pangéométrie, Kasan 1855.

*** In dem im Vorworte angeführten Appendix.

stützenden Betrachtungen vorkommen, wobei jedoch zu beachten ist, dass die Congruenzen nicht vermittelst Sätze, die das Parallelen-Axiom voraussetzen, erhalten werden dürfen. In allen Theilen der Geometrie, welche sich auf eine Voraussetzung der Parallelen (oder der Winkelsumme des Dreiecks) stützen, muss — wegen des Gegensatzes der euclidischen und nichteuclidischen Annahme — zwischen den beiden Geometrien Verschiedenheit eintreten. Scheinbare Ausnahmen, d. i. Uebereinstimmung der beiden Geometrien in diesen Theilen werden sich aus der Stetigkeit der beiden Voraussetzungen erklären lassen.

14.

Aus der Voraussetzung des Stattfindens der nichteuclidischen Geometrie ergeben sich für die parallelen und nicht schneidenden Geraden in derselben Ebene folgende Eigenschaften:

1) Ist A ein Punkt ausserhalb einer Geraden BB', $AA' \parallel BB'$ und $AB \perp BB'$, so heisst der Winkel $A'AB$ zwischen den Parallelen AA' und der Senkrechten AB der **Parallelwinkel.**[*]

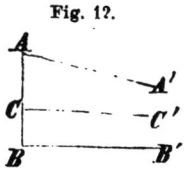

Fig. 12.

Nimmt die Distanz AB zu oder ab, so nimmt der Parallelwinkel ab oder zu. Ist nämlich $CB < AB$, so muss für $CC' \parallel BB'$ der Winkel $C'CB > A'AB$ sein. Denn wäre $C'CB = A'AB$ oder $C'CB > A'AB$, so wäre für die Parallelen AA' und CC' die Summe der innern Winkel A und C gleich oder grösser als zwei Rechte. Für jede Distanz p (eines Punktes von einer Geraden) gibt es also einen bestimmten Parallelwinkel und um-

---

[*] Nach Lobatschewsky.

gekehrt. Man bezeichnet den der Distanz p entsprechenden Parallelwinkel durch $\Pi(p)$. Für $p = 0$ wird $\Pi(p) = R$, da die Parallele mit der Geraden BB' zusammenfällt; nähert sich p dem Unendlichen, so nähert sich $\Pi(p)$ dem Werthe Null.

2) Parallele nähern sich einander auf der Seite ihres Parallelismus immer mehr.

Sind nämlich $AB = A'B'$ und $\perp AA'$, so ist die Ge-

Fig. 13.

rade BB' eine nicht schneidende Gerade zur Geraden AA'. Denn ist C die Mitte der Strecke AA' und CD $\perp AA'$, so können die Vierecke $ACDB$ und $A'CDB'$ zur Deckung gebracht werden; es ist daher zugleich $CD \perp BB'$, also die Gerade BB' eine nicht schneidende Gerade. Die Parallele BB'' liegt näher gegen die Gerade AA', sie begegnet also der Senkrechten $A'B'$ in einem Punkte B'' derart, dass $A'B'' < A'B'$ ist.

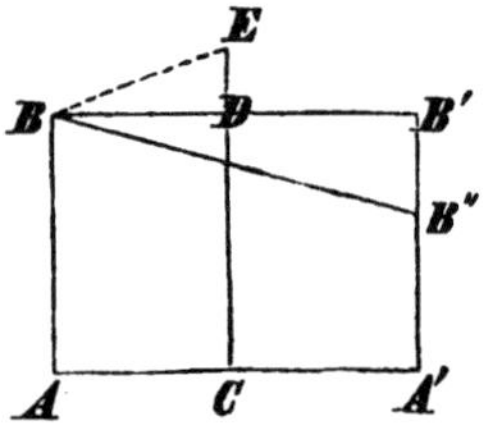

Die Distanzen der Punkte einer Geraden von einer ihr parallelen werden daher in der Richtung des Parallelismus immer kleiner — die zugehörigen Parallelwinkel also immer grösser —; man sagt daher auch: Zwei Parallele schneiden sich im Unendlichen. Die zwischen zwei Parallelen enthaltene (unbegrenzte) Fläche der unbegrenzten Ebene, wird ein Streifen genannt. Zwei Streifen können zur Deckung gebracht werden.

3) Der Ort aller Punkte, welche von einer Geraden gleichen Abstand haben, ist eine krumme Linie.

In dem Vierecke $ACDB$ ist der Winkel B spitz. Trägt man auf der Geraden CD die Strecke $CE = AB = A'B'$ ab, so fällt der Punkt E auf die Verlängerung der Strecke CD. Das Viereck $ACEB$ kann nämlich mit dem Viereck

$CABE$ zur Deckung gebracht werden, woraus die Gleichheit der Winkel B und E folgt. Eine Linie, deren Punkte B, E, B', .. von einer Geraden AA' gleichen Abstand haben, ist daher keine Gerade. Den gleichen Strecken AC und CA' der Geraden AA' entsprechen gleiche Stücke BE und EB' dieser krummen Linie. Ist der constante Abstand gleich Null, so fällt die Linie mit der Geraden zusammen; je grösser der Abstand wird, desto kleiner werden die Winkel der Sehne BE mit den Senkrechten AB und CE, da von zwei Vielecken von gleich viel Seiten, von denen das eine innerhalb des andern liegt, das kleinere die grössere Winkelsumme hat. Vergl. Art. 6, 1).

4) Zwei nicht schneidende Gerade haben einen kleinsten Abstand.

Jede Verbindungslinie des Punktes B mit einem Punkte, etwa M, der Strecke $B'B''$ (dieses Artikels in 2) ist eine nicht schneidende Gerade. Die Entfernungen der Punkte der Geraden BM von der Geraden AA' nehmen in der Richtung BM ab, diese Abnahme kann nicht unbegrenzt sein, weil sich sonst die beiden Geraden AA' und BM schneiden müssten; es können auch nicht die Punkte irgend einer Strecke gleichen Abstand haben, weil man sonst ein Viereck wie $AA'B'B$ erhielte, in welchem die Senkrechten in A, A', C gleich wären, jedes der Vierecke $ACDB$ und $A'C'DC$ hätte dann vier Rechte. Es muss daher für einen gewissen Punkt Q der Geraden BM die Entfernung QP von der Geraden AA' eine kleinste sein, dabei muss $PQ \perp BM$ sein, weil sonst die Senkrechte von P auf die Gerade BM kleiner wäre. Die beiden Figuren $APQB$ und $A'PQM$ sind congruent; versinnlicht man sich (nach Anmerkung des

Fig. 11.

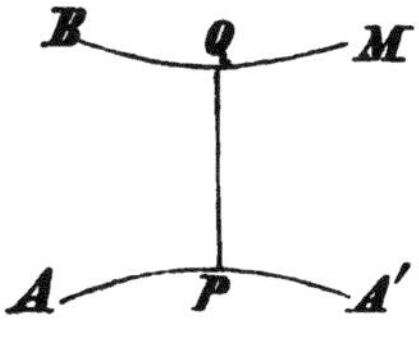

2*

Art. 3) die beiden Geraden durch krumme Linien, so ist ihr Verhalten so wie in der beigegebenen Figur.

Sätze aus der Stereometrie.

15.

Eine nicht in einer Ebene ℰ liegende Gerade a kann die Ebene nur in einem Punkte (Fusspunkt) treffen. Steht die Gerade a auf zwei in der Ebene ℰ durch ihren Fusspunkt gezogenen Geraden senkrecht, so steht sie auf jeder beliebigen in der Ebene ℰ durch den Fusspunkt gezogenen Geraden senkrecht. Die Gerade a heisst dann senkrecht auf der Ebene ℰ und wird durch $a \perp$ ℰ bezeichnet.

Umgekehrt: Alle Geraden, welche in den verschiedenen Ebenen in einem Punkte einer Geraden auf dieser senkrecht stehen, liegen in einer Ebene.

16.

Zwei Ebenen, welche durch dieselbe Gerade gehen, bilden einen Keil (oder Flächenwinkel). Die Gerade heisst die Kante, die beiden durch sie halbbegrenzten Ebenen die Seiten des Keils.

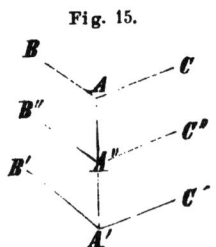
Fig. 15.

Errichtet man in einem beliebigen Punkt A der Kante des Keils in den beiden Seiten Senkrechte AB und AC auf die Kante, so ist der Winkel ABC von unveränderlicher Grösse für jede Lage des Punktes A; dieser Winkel ist daher das Mass des Keils.

Beweis. Es sei A' ein beliebiger zweiter Punkt der Kante, $A'B'$ und $A'C'$ seien die Senkrechten in den Seiten des Keils, A'' die Mitte der Strecke AA' und $A''B''$ und $A''C''$

die zugehörigen Senkrechten in den Seiten. Man kann nun das Gebilde $B''A''C''$ $B'A'C'$ so mit dem Gebilde $C''A''B''$ CAB zur Deckung bringen, dass die Geraden

$$A''B'', \quad A''C'', \quad A''A$$

des ersten Gebildes, mit den Geraden

$$A''C'', \quad A''B', \quad A''A'$$

des zweiten Gebildes zusammenfallen, wodurch auch der Scheitel und die Schenkel des Winkels BAC mit dem Scheitel und den Schenkeln des Winkels $C'A'B'$ zusammenfallen.

17.

1) Zwei Ebenen stehen auf einander **senkrecht**, wenn sie einen **rechten** Keil bilden. Zieht man in einem beliebigen Punkte A der Durchschnittslinie a zweier senkrechten Ebenen $\mathfrak{A}$ und $\mathfrak{A}'$ eine Gerade α senkrecht auf die eine Ebene $\mathfrak{A}$, so liegt diese Gerade in der zweiten Ebene $\mathfrak{A}'$.

2) Zwei Gerade α und α', welche auf einer Ebene $\mathfrak{A}$ senkrecht stehen, liegen in einer auf dieser senkrechten Ebene $\mathfrak{A}'$.

3) Ist eine Gerade auf einer Ebene $\mathfrak{A}$ senkrecht, so ist jede durch die Gerade gelegte Ebene $\mathfrak{B}$ auf der gegebenen Ebene $\mathfrak{A}$ senkrecht.

4) Die Durchschnittslinie a zweier auf einer dritten Ebene $\mathfrak{B}$ senkrechten Ebenen $\mathfrak{A}$ und $\mathfrak{A}'$ steht auf derselben Ebene $\mathfrak{B}$ senkrecht.

Die Beweise dieser Sätze ergeben sich aus dem vorigen Artikel mit Zuziehung des Satzes, dass in einer Ebene in einem Punkt einer Geraden auf diese nur eine einzige Senkrechte möglich ist.

18.

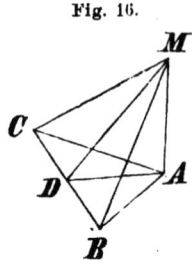

Fig. 16.

Ist eine Gerade MA senkrecht auf einer Ebene und BC eine beliebige Gerade dieser Ebene, so ist, wenn

a) $AD \perp BC$ ist, auch $MD \perp BC$,

b) $MD \perp BC$ ist, auch $AD \perp BC$.

Beweis: Macht man $DB = DC$, so erhält man

a) aus

$$\triangle ADB \backsim \triangle ADC$$
$$\triangle MAB \backsim \triangle MAC.$$

b) aus

$$\triangle MDB \backsim \triangle MDC$$
$$\triangle MAB \backsim \triangle MAC.$$

Folgerungen:

1) Von einem Punkte M auf eine Ebene $\mathfrak{A}$ eine Senkrechte zu ziehen. Man ziehe in der Ebene $\mathfrak{A}$ eine beliebige Gerade BC auf diese die Geraden MD und (in der Ebene $\mathfrak{A}$) DA senkrecht. Die Gerade $MA \perp DA$ ist die gesuchte Senkrechte. Denn die Gerade BC also auch die Ebene $\mathfrak{A}$ ist senkrecht auf der Ebene ADM.

2) In einem Punkte A einer Ebene $\mathfrak{A}$ eine Senkrechte zu errichten. Man ziehe von einem beliebigen Punkt M ausserhalb der Ebene $\mathfrak{A}$ eine Senkrechte MN auf die Ebene $\mathfrak{A}$. In der Ebene MNA ziehe man $AB \perp NA$, so ist nach Art. 17, 2) AB die gesuchte Senkrechte.

19.

Die Durchschnittslinie a zweier gegebenen Ebenen $\mathfrak{A}$ und $\mathfrak{A}'$ kann auf die folgende Art bestimmt werden: Die Senkrechten MA und MA' von einem beliebigen Punkt M auf die Ebenen $\mathfrak{A}$ und $\mathfrak{A}'$ liegen in einer auf der Durchschnittslinie a dieser Ebenen senkrechten Ebene $\mathfrak{B}$.

Errichtet man auf die Geraden MA und MA' Senkrechte
in der Ebene $\mathfrak{B}$ in den Punkten A und A',
so schneiden sich diese in einem Punkte
X der Durchschnittslinie a. Eine Senkrechte im Punkte X auf die Ebene $\mathfrak{B}$
ist die Durchschnittslinie a der Ebenen
$\mathfrak{A}$ und $\mathfrak{A}'$.

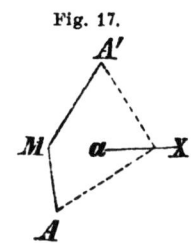

Fig. 17.

Zusatz. Schneiden sich diese Senkrechten in den
Punkten A und A' nicht, so schneiden sich auch nicht die
Ebenen $\mathfrak{A}$ und $\mathfrak{A}'$.

20.

Der Durchschnitt einer Kugel mit einer Ebene ist ein
Kreis. Drei grösste Kreise bilden auf der Kugelfläche
acht sphärische Dreiecke, von denen immer je zwei gegenüberliegende, deren Spitzen also die Endpunkte dreier
Durchmesser bilden, flächengleich sind.

In zwei Gegendreiecken ABC und $A'B'C'$ sind nämlich die Seiten und Winkel in derselben
Ordnung aber im entgegengesetzten Dre-
hungssinne einander gleich. Eine Senkrechte vom Mittelpunkte der Kugel auf
die Ebene der drei Spitzen A, B, C des

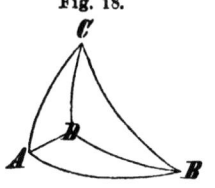

Fig. 18.

einen Dreiecks trifft die Kugelfläche in den Punkten D
und D' derart, dass

$$DA = DB = DC = D'A' = D'B' = D'C'$$

ist. Die Dreiecke DAB, DBC, DCA sind mit den Dreiecken $D'A'B'$, $D'B'C'$, $D'C'A'$ congruent, woraus die
Gleichheit der Flächen der Dreiecke ABC und $A'B'C'$
folgt.

21.

Die Summe der drei durch die Winkel des sphärischen Dreiecks bestimmten Zweiecke gibt die halbe Kugelfläche vermehrt um die doppelte Dreiecksfläche.

Theilt man die ganze Kugelfläche in 360 gleiche Zweiecke (deren Winkel also je 1^0 beträgt), so erhält man für
die Fläche des Dreiecks ABC

$$f = \tfrac{1}{2}(A + B + C - 180^0),$$

wo A, B, C die in Graden ausgedrückten Winkel des
Dreiecks sind.

Ebenen durch parallele Gerade.

22.

Schneiden sich drei Ebenen in parallelen Geraden, so
ist die Summe der drei (innern) Keile nicht grösser als
zwei Rechte.

Sind AA', BB', CC' parallele Gerade und A, B, C
die anliegenden Keile, so kann man in der durch die Gerade AA' und die Mittellinie DD' des Streifens BB' und
CC' bestimmten Ebene eine Gerade $EE' \parallel AA'$ derart
ziehen, dass die Gerade DD' die Mittellinie der Geraden
AA' und EE' ist. Der Durchschnitt des durch die Geraden AA', .. EE' bestimmten Gebildes mit einer (durch
einen beliebigen Punkt) auf der Geraden DD' senkrechten
Ebene gibt eine Figur wie in Art. 5. Alle Schlüsse dieses
Artikels lassen sich auf das vorliegende Gebilde anwenden, indem man Winkel, Seite, .. Dreieck, .. mit Keil,
Streifen, .. von drei Streifen bestimmtes Gebilde, .. ver-
tauscht.

23.

Ist die Summe der innern Keile, welche zwei beliebige durch zwei parallele Gerade AA' und BB' gelegte
Ebenen α und β mit der Ebene $AA'BB'$ der beiden Parallelen bilden, kleiner als zwei Rechte, so schneiden sich
die beiden Ebenen α und β.

1) Es sei einer der beiden Keile, etwa der an der
Ebene α ein Rechter, also der an der
Ebene β spitz.

Fig. 19.

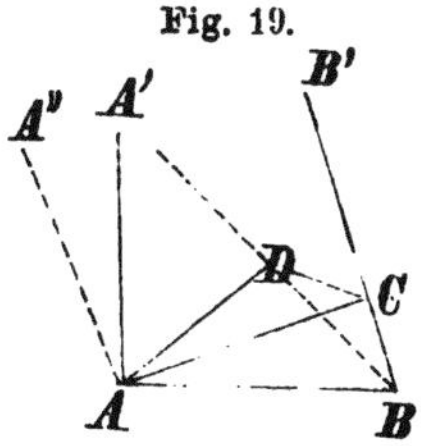

Zieht man $AC \perp BB'$, und in der
Ebene β $CD \perp BB'$, so ist der Winkel ACD der Keil der Ebene β mit
der Ebene der Parallelen AA' und BB',
also ein spitzer Winkel. Zieht man $AD \perp CD$, so ist
daher die Strecke $AD < AC$ also auch $< AB$, wenn
$BA \perp AA'$ vorausgesetzt wird. Eine Ebene γ durch die
Punkte A, B, D schneidet die Ebene α in einer Geraden,
etwa AA'', (wobei $BA \perp AA''$ ist) und die Ebene β in
der Geraden BD. Dreht man die Ebene γ um die Gerade AB, so beschreibt die Gerade AA'' die Ebene α
und, wenn diese Gerade mit der Geraden AA' zusammenfällt, so fällt die Gerade BD in die Ebene der Parallelen
AA' und BB', wobei der Punkt D zwischen AA' und
BB' liegt. Die Gerade BD schneidet in dieser neuen
Lage die Gerade AA', also schneidet auch die Gerade BD
in ihrer ursprünglichen Lage die Gerade AA''. Der Durchschnittspunkt liegt in den Ebenen α und β, letztere schneiden sich daher in einer Geraden.

2) Sind a) die Keile der Ebenen α und β spitz, oder
ist b) ein Keil, etwa der an α, stumpf, so lege man durch
die Gerade BB' eine Ebene $\gamma \perp \alpha$, welche derselben in
den Geraden $A_1 A_1' \parallel AA' \parallel BB'$ begegnet. Für den Fall a)

erhält man unmittelbar, dass der Keil der Ebenen β und γ spitz ist. Für den Fall b) wird dies mit Zuziehung des vorigen Artikels nachgewiesen. Es schneiden sich daher die Ebenen α und β.

Zusatz. Die Summe der drei Keile von drei Ebenen, welche sich in parallelen Geraden schneiden, beträgt zwei Rechte.

24.

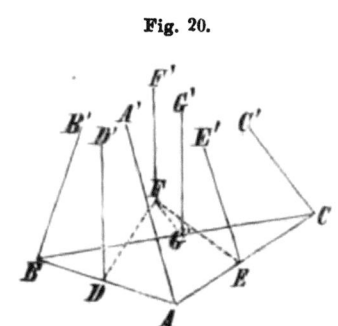

Fig. 20.

Bestimmt man auf den Geraden $A.A' \parallel BB' \parallel CC'$ für einen gegebenen Punkt A der Geraden AA' die Punkte B und C auf den Geraden BB' und CC' derart, dass

$$A'AB = B'BA, \quad A'AC = C'CA$$

ist, so ist auch

$$B'BC = C'CB.$$

1) Die Geraden AA', BB', CC seien nicht in einer Ebene.

Die Ebenen senkrecht durch die Mittellinien DD' und EE' der Streifen $AA'BB'$ und $AA'CC'$ schneiden sich in einer auf der Ebene ABC senkrechten Geraden FF' | $DD' \parallel EE'$. Ist F der Durchschnittspunkt dieser Geraden mit der Ebene ABC, so ist $BF = AF = CF.$*

Zieht man $FG \perp BC$, so ist $BG = GC$ und die Gerade BC senkrecht auf der Ebene $F'FG$ also auch senk- auf der Geraden $GG' \parallel FF'$. Die Geraden BB' und CC' sind parallel zur Geraden GG' und dabei ist GG' senk-

---

* Die drei Linien AF, BF, CF sind der Deutlichkeit halber in der Figur weggelassen worden.

recht in der Mitte G der Strecke BC; es ist daher auch $B'BC = C'CB$.

Zusatz. Der Punkt F ist der Mittelpunkt des durch die drei Punkte A, B, C gehenden Kreises. Von diesen drei Punkten kann der eine, etwa A, auf der Geraden AA' willkürlich genommen werden, die beiden andern, B und C, sind dann auf den Geraden BB' und CC' eindeutig bestimmt.

2) Sind die Geraden AA', BB', CC' in derselben Ebene, so ziehe man die Gerade $DD' \parallel AA'$ ausserhalb dieser Ebene und bestimme in dieser Geraden den Punkt D derart, dass $D'DA = A'AD$ ist. Dann folgt aus $D'DB = B'BD$ und $D'DC = C'CD$ die Gleichheit von $B'BC$ und $C'CB$.

Anmerkung. Die in den Artikeln 22—24 enthaltenen Sätze sind im absoluten Sinne richtig, d. h. ohne Rücksicht auf das Parallelen-Axiom.

Grenzfläche, Grenzlinie.

25.

Ist AA' eine beliebige Gerade und bestimmt man auf jeder Geraden $MM' \parallel AA'$ zu einem gegebenen Punkt A der ersten Geraden einen Punkt M auf der Geraden MM' derart, dass Winkel

$$M'MA = A'AM$$

ist, so erhält man, als Ort der Punkte M, eine Fläche, welche die Grenzfläche heisst.* Die Gerade AA' heisst die Axe der Grenzfläche, und umgekehrt: die eben erhaltene Grenzfläche heisst „Grenzfläche für die Axe AA'".

---

* Nach Lobatschewsky, J. Bolyai nennt sie die Fläche F.

Sind B und C zwei beliebige Punkte der Grenzfläche $BB' \parallel CC'$ nach der Richtung der Axe, so ist nach Artikel 24 auch Winkel $B'BC = C'CB$; d. h. man kann jede der parallelen Geraden AA', BB', CC',.. als Axe der Grenzfläche betrachten.

26.

Der Schnitt der Grenzfläche mit einer durch eine Axe gelegten Ebene ist eine Linie, welche Grenzlinie genannt wird*; jede Grenzlinie hat die Eigenschaft, dass die Senkrechten in den Mitten der Sehnen parallel den

Fig. 21.

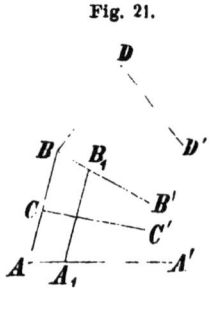

Axen sind. Um daher eine Grenzlinie zu erhalten zieht man zu einer gegebenen Geraden AA' als Axe die Gerade AB unter einem beliebigen Winkel $A'AB$ und wählt die Strecke AC derart, dass die Gerade $CC' \perp AB \parallel AA'$ ist; macht man auf der Geraden AB die Strecke $BC = AC$, so ist der Punkt B ein Punkt der Grenzlinie.

1) Ist $A'AB = R$, so ist AC also auch $AB = 0$, d. i. die Tangente eines Punktes A der Grenzlinie steht senkrecht auf der Axe; jede auf der Axe in A nicht senkrechte Gerade, wie AB, schneidet die Grenzlinie in zwei Punkten (A und B).

2) Die Grenzlinie ist aus congruenten Stücken zusammengesetzt; zieht man nämlich die Gerade BD derart, dass $DBB' = BAA'$ ist und macht die Strecke $BD = AB$, so ist der Punkt D ebenfalls ein Punkt der Grenzlinie.

Die Grenzlinie ist zu beiden Seiten einer jeden Axe symmetrisch. Alle Grenzlinien sind congruent. Zwei Grenz-

---

* J. Bolyai nennt sie eine Linie L auf der Fläche F.

linien decken sich, wenn ein Punkt und dessen Axe der einen mit einem Punkte und dessen Axe der andern zusammenfällt.

3) Schneidet man auf den Axen AA', BB', .. gleiche Stücke $AA_1 = BB_1 = ..$ ab, so liegen die Punkte A_1, B_1, .. in einer Grenzlinie. Denn man kann die Figur $A'ABB'$ mit der Figur $B'BAA'$ zur Deckung bringen, dabei fällt die Strecke A_1B_1 mit der Strecke B_1A_1 zusammen. Der Punkt B_1 ist daher ein Punkt der Grenzlinie für die Axe A_1A'.

4) Ein Kreis, dessen Halbmesser ins Unbegrenzte wächst, geht in die Grenzlinie über. (Der Beweis folgt unmittelbar aus Artikel 14, 2).

27.

Der Schnitt der Grenzfläche mit einer nicht durch eine Axe gelegten Ebene ist ein Kreis.

Sind nämlich A, B, C drei beliebige Punkte der Schnittlinie, so erhält man (nach Artikel 24) in der Ebene ABC einen Punkt F derart, dass $FA = FB = FC$ und die Senkrechte FF' im Punkte F der Ebene $ABC \parallel AA'$, BB', CC' ist; der Punkt F ist daher der Mittelpunkt des durch die Punkte A, B, C gelegten Kreises. Dreht man die Ebene $F'FA$ um die Gerade FF', so beschreibt die Gerade FA die Ebene ABC und der Punkt A die durch die Punkte A, B, C gelegte Kreislinie, deren Punkte sämmtlich auf der Grenzfläche liegen, da die Gerade AA' immer parallel zur Geraden FF' bleibt; ausser diesen Punkten liegt (nach Artikel 14, 1)) kein Punkt der Ebene ABC auf der Grenzfläche.

Die Grenzfläche wird daher auch erhalten, indem man eine Grenzlinie um eine ihrer Axen dreht.

Eine Kugel, deren Halbmesser ins Unbegrenzte wächst, geht in die Grenzfläche über.

Anmerkung 1. Unter Voraussetzung des elften euclidischen Axioms sind die Grenzlinie und Grenzfläche resp. mit der Geraden und Ebene, welche auf den Axen senkrecht stehen, identisch; in der nichteuclidischen Geometrie gehören sie zu den krummen Gebilden. Z. B. Die drei Punkte A, B, D der Grenzlinie des Artikels 26 liegen nicht in einer Geraden. Durch zwei Punkte A und B einer Ebene sind in dieser zwei Grenzlinien möglich — entsprechend den beiden entgegengesetzten Richtungen der Senkrechten in der Mitte der durch die beiden Punkte A und B bestimmten Strecke —; durch drei Punkte, welche in dem Umfang eines Kreises liegen, sind zwei Grenzflächen bestimmt. Alle Punkte der Ebene, welche zugleich innerhalb der beiden Grenzlinien oder zugleich ausserhalb derselben liegen, können mit den beiden Punkten A und B nicht im Umfang eines Kreises liegen.

Anmerkung 2. Die wirkliche Ausführung der in diesen Artikeln vorkommenden Constructionen — deren Möglichkeit aus dem Vorhergehenden klar ist — wird später (in den Artikeln 36—38) gegeben werden.

Figuren auf der Grenzfläche.

28.

1) Auf der Grenzfläche ist durch zwei Punkte eine Grenzlinie bestimmt.

2) Zwei Grenzlinien, AM und BN, deren Summe der innern Winkel, welche sie mit einer dritten sie schneidenden Grenzlinie AB (auf derselben Seite der schneidenden) bilden, kleiner als zwei Rechte ist, schneiden sich.

Fig. 22.

Denn die Ebenen der Grenzlinien AM und BN bilden mit der Ebene der Grenzlinie AB innere Winkel, deren Summe kleiner als $2R$ ist, die beiden Ebenen schneiden

sich nach Artikel **23** in einer Geraden, also die Grenzlinien AM und BN in einem Punkte.

3) Aus 1) und 2) folgt: Auf der Grenzfläche gelten
die Sätze der euclidischen Planimetrie, wenn man die Gerade durch die Grenzlinie und die Strecke durch das
zwischen zwei Punkten enthaltene Stück der Grenzlinie
ersetzt. Z. B.:

> a) Die Summe der drei Winkel eines (von drei
> Grenzbogen gebildeten) Dreiecks ist gleich $2R$.
>
> b) Der Umfang eines Kreises, dessen Radius das
> Stück r eines Grenzbogens ist, beträgt $2\pi r$,
> wo $\pi = 3{,}14159\ldots$ ist.

Ist O der Mittelpunkt des Kreises auf der Grenzfläche,
M ein beliebiger Punkt des Umfanges, sind
$MM' \parallel OO'$ die Axen der Punkte M und O,
so erhält man den Kreis durch Umdrehung des
Grenzbogens $MO = r$ um OO' als Axe. Ist
$MP \perp OO'$, so beschreibt bei dieser Umdrehung die Gerade $MP = y$ einen Kreis
von gleichem Umfange. Bezeichnet man den
Umfang dieses Kreises mit $\mathbf{o}y$, so ist also

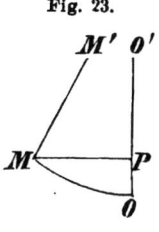

Fig. 23.

$$\mathbf{o}y = 2\pi r.$$

Anmerkung. Die goniometrischen Functionen und ihre Eigenschaften sind von jeder geometrischen Betrachtung unabhängig. Es
bedeuten nämlich z. B. *sin x, cos x, ..* die Reihen

$$sin\, x = x - \frac{x^3}{3!} + \frac{x^5}{5!} - \ldots$$

$$cos\, x = 1 - \frac{x^2}{2!} + \frac{x^4}{4!} - \ldots,$$

welche sich auch in der Form geben lassen:

$$sin\, x = \frac{e^{xi} - e^{-xi}}{2i}$$

$$cos\, x = \frac{e^{xi} + e^{-xi}}{2}.$$

Auf der Grenzfläche lässt sich daher die gewöhnliche ebene Trigonometrie und analytische Geometrie auf Gebilde, in welchen die Geraden (der gewöhnlichen Geometrie) durch Grenzlinien und die Strecken durch Grenzbogen ersetzt sind, unmittelbar anwenden.

Anwendung auf das geradlinige und sphärische Dreieck.

29.

In jedem Dreiecke verhalten sich die Umfänge der Kreise, welche die Seiten zu Radien haben, wie die Sinuse der gegenüberliegenden Winkel.

1) Ist das Dreieck ABC bei C rechtwinklig, so ziehe man in einem der Punkte A oder B, etwa in A, die Gerade $AA' \perp$ auf die Ebene ABC und ziehe BB', $CC' \parallel AA'$. Durch den Punkt B lege man für BB' als Axe eine Grenzfläche, welche den Geraden AA' und CC' in den Punkten A_1 und C_1 begegnet. Dadurch erhält man auf der Grenzfläche ein Dreieck A_1BC_1, in welchem der Winkel A_1 gleich ist dem Winkel A des geradlinigen Dreiecks ABC. Es ist daher

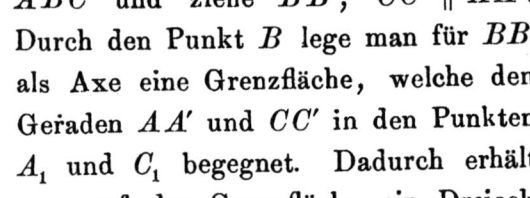

Fig. 21.

$$BC_1 = BA_1 \, sin \, A,$$

also auch

$$2\pi \, BC_1 = 2\pi \, BA_1 \, sin \, A.$$

Die Umfänge $2\pi \, BC_1$ und $2\pi \, BA_1$ der Kreise auf der Grenzfläche sind resp. gleich den Umfängen $\mathsf{O}\,BC$, $\mathsf{O}\,AB$ der ebenen Kreise mit den Radien BC und AB. Es ist daher

$$\mathsf{O}\,BC = \mathsf{O}\,AB \, sin \, A.$$

2) Zerlegt man ein Dreieck durch die Höhen in rechtwinklige, so erhält man, wenn mit a, b, c die Seiten und
mit A, B, C die ihnen gegenüberliegenden Winkel bezeichnet werden,

$$O\,a : O\,b : O\,c = \sin A : \sin B : \sin C.$$

30.

Ist das sphärische Dreieck ABC bei C rechtwinklig,
so ziehe man von einem der Punkte A
oder B, etwa von B, die Geraden
$BA_1 \perp O A$, $BC_1 \perp OC$ und verbinde
die Punkte A_1 und C_1, wodurch man
das bei C_1 rechtwinklige Dreieck $A_1 B C_1$
erhält, in welchem A_1 gleich dem Winkel A ist. Nach Artikel 29 ist

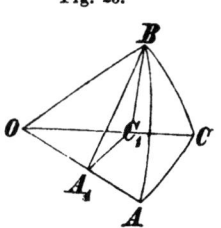

Fig. 25.

$$O\,BC_1 = O\,BA_1 \sin A.$$

Aus den Dreiecken OBA_1 und OBC_1 folgt

$$O\,BA_1 = O\,OB \sin c, \quad O\,BC_1 = O\,OB \sin a;$$

und damit durch Substitution in obige Gleichung

$$\sin a = \sin c \, \sin A.$$

Aus dieser Gleichung folgt die ganze sphärische Trigonometrie, welche also vom Parallelen-Axiom unabhängig
ist. (Siehe Anhang, Artikel 7.)

Verhältniss zweier Grenzbogen.

31.

Sind AM und $A'M'$ zwei Grenzbogen, welche zwischen denselben Axen AA' und MM' liegen, so entsprechen, nach Artikel 26, 3) gleichen Sehnen AB und BC

der ersten Grenzlinie gleiche Sehnen $A'B'$ und $B'C'$ der zweiten Grenzlinie, dabei ist

$$AA' = BB' = CC'.$$

Theilt man den Grenzbogen AM in m gleiche Theile, so wird durch die Axen der Theilungspunkte der zugehörige Grenzbogen $A'M'$ ebenfalls in m gleiche Theile getheilt; das Verhältniss zweier zusammengehörigen Grenzbogen ist daher von der Grösse der Bögen unabhängig — also nur abhängig von der Entfernung AA' der beiden Grenzlinien.

Um dieses Verhältniss zu bestimmen, theile man die Entfernung $AA' = x$ in n gleiche

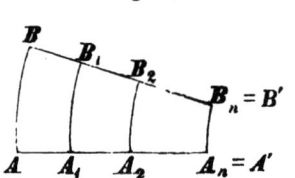

Fig. 26.

Theile; es sei $AA_1 = A_1 A_2 = \,..$ $A_{n-1} A' = a$, ferner seien $AB = s$, $A_1 B_1 = s_1$, $....$, $A'B' = s'$ die den Theilungspunkten zugehörigen Grenzbogen. Dann ist

$$\frac{s}{s_1} = \frac{s_1}{s_2} = \,.. = \frac{s_{n-1}}{s_n} = \lambda,$$

wo λ das der Entfernung a entsprechende Verhältniss zweier Grenzbögen ist. Multiplicirt man diese n Gleichungen mit einander, so folgt

$$\frac{s}{s'} = \lambda^n.$$

Ist k die Entfernung zweier Grenzbogen, deren Verhältniss gleich einer gegebenen Zahl e ist, so sei $k = ma$; dann ist

$$e = \lambda^m \quad \text{und} \quad \lambda = e^{\frac{1}{m}},$$

also

$$\frac{s}{s'} = e^{\frac{n}{m}} = e^{\frac{x}{k}}.$$

Die Entfernung k kann derart gewählt werden, dass die Zahl e gleich der Basis des natürlichen Logarithmensystems

$$e = 2.718281828459 ..$$

wird.

Zusatz. Setzt man

$$e^{\frac{x}{k}} = \xi, \quad e^{\frac{y}{k}} = \eta,$$

so sind wegen

$$\xi\eta = e^{\frac{x+y}{k}}, \quad \xi:\eta = e^{\frac{x-y}{k}}$$

$\xi\eta$ und $\xi:\eta$ die den Entfernungen $x + y$ und $x - y$ entsprechenden Verhältnisse der Grenzbögen.

Anmerkung. Drückt man x in Theilen von k aus, so erhält man $s = s' e^x$.

32.

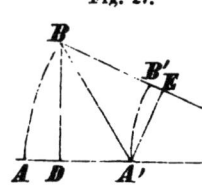

Fig. 27.

Sind AB und $A'B'$ zwei Grenzbögen zwischen denselben Axen AA' und BB', so ist ihr Verhältniss bestimmt durch

$$AB : A'B' = \sin AA'B : \sin A'BB'.$$

Zieht man nämlich die Geraden $BD \perp AA'$, $A'E \perp BB'$, so ist

$$\bigcirc BD = \bigcirc A'B \sin AA'B$$
$$\bigcirc A'E = \bigcirc A'B \sin A'BB',$$

also

$$\bigcirc BD : \bigcirc A'E = \sin AA'B : \sin A'BB'.-$$

Berücksichtigt man, dass

$$\bigcirc BD = 2\pi AB, \quad \bigcirc A'E = 2\pi A'B'$$

ist, so erhält man unmittelbar den ausgesprochenen Satz.

Beziehung zwischen Distanz und Parallelwinkel.

33.

Ist p die Distanz eines Punktes von einer Geraden, $\Pi(p)$ der zugehörige Parallelwinkel, so ist

$$cot \tfrac{1}{2} \Pi(p) = e^{\frac{p}{k}}.$$

Der Beweis beruht auf folgenden Gründen:

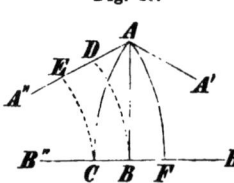

Fig. 28.

1) Ist A ein Punkt ausserhalb der Geraden $B'B''$, dabei $AB \perp B'B''$, $AA' \parallel BB'$, $AA'' \parallel BB''$, und sind AC, BD, CE die Grenzbogen für die Axen AA', BB'', CB'', so ist

$$AD = DE = BC.$$

Denn zieht man den Grenzbogen AF für die Axe AA'', so ist

$$CB = BF, \quad CB = ED, \quad BF = DA.$$

2) Es sei $AA' \parallel BB'$ und $A'AB = B'BA$. Ist C die

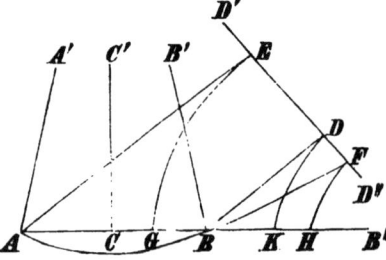

Fig. 29.

Mitte von AB, so ist CC' $\perp AB$ parallel zu AA' und BB'. Ist BB'' die Verlängerung von AB, und BD die Halbirungslinie des Winkels $B'BB''$, so kann man die Distanz BD derart bestimmen, dass die Gerade $D'D'' \perp BD$ die Eigenschaft hat, dass

$$BB' \parallel DD', \quad BB'' \parallel DD'',$$

also auch $AB'' \parallel DD''$ und (wegen $AA' \parallel BB'$) $AA' \parallel DD'$ ist. Die Gerade $AE \perp D'D''$ halbirt daher den Winkel $A'AB$.

3) Beschreibt man eine Grenzlinie für AA' als Axe, so geht diese durch den ·Punkt B und schneidet die Gerade $D'D''$, etwa in F. Schneiden die Grenzlinien für die Axen ED'' und FD'' die Gerade AB'' in den Punkten G und H, so ist nach 1)

$$AH = 2AG = 2GH.$$

Ist ausserdem K der Durchschnittspunkt der Geraden AB'' mit der Grenzlinie für die Axe DD'', so ist auf gleiche Weise

$$BH = 2BK = 2KH.$$

Daraus folgt

$$AB = AH - BH = 2(AG - BK).$$

4) Setzt man $AB = 2p$, $AG = x$, $BK = y$, so ist

$$p = x - y.$$

Nach Artikel 32 folgt für die den Distanzen AG und BK entsprechenden Verhältnisse der Grenzbögen

$$e^{\frac{x}{k}} = \sin R : \sin \tfrac{1}{2} \, \Pi(p) = 1 : \sin \tfrac{1}{2} \, \Pi(p)$$

$$e^{\frac{y}{k}} = \sin R : \sin \tfrac{1}{2} \, [2R - \Pi(p)] = 1 : \cos \tfrac{1}{2} \, \Pi(p).$$

Daraus erhält man nach Zusatz des Artikels 31

$$e^{\frac{p}{k}} = \cot \tfrac{1}{2} \, \Pi(p).$$

Zusatz. Aus den Gleichungen

$$\sin \alpha = \frac{2 \cot \dfrac{\alpha}{2}}{\cot \dfrac{\alpha^2}{2} + 1}, \quad \cos \alpha = \frac{\cot \dfrac{\alpha^2}{2} - 1}{\cot \dfrac{\alpha^2}{2} + 1},$$

folgt

$$\sin \Pi(p) = \frac{2}{e^{\frac{p}{k}} + e^{-\frac{p}{k}}}, \quad \cos \Pi(p) = \frac{e^{\frac{p}{k}} - e^{-\frac{p}{k}}}{e^{\frac{p}{k}} + e^{-\frac{p}{k}}}.$$

Linien und Flächen gleichen Abstandes.

84.

Im Artikel 14, 3) ist bereits nachgewiesen worden, dass eine Linie BB', deren Punkte von einer gegebenen Geraden AA' gleichen Abstand $= h$ haben, eine krumme Linie ist mit den folgenden Eigenschaften:

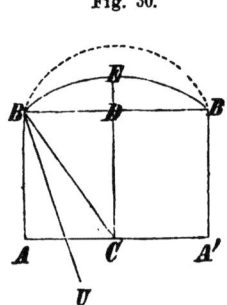

Fig. 30.

Es seien B und B' zwei Punkte dieser Linie, BA und $B'A$ die Senkrechten auf die gegebene Gerade AA'. Ist E der Punkt der Linie BB', welcher der Mitte C der Strecke AA' entspricht, so schneidet die Gerade CE die Sehne BB' in einem Punkte D derart, dass $CE > GD$ ist. Die Winkel B und B' der Sehne BB' mit den Abständen BA und $B'A'$ sind spitz. Nähert sich der Punkt B' immer mehr dem Punkte B, so werden diese Winkel immer grösser, die Gerade BB' nähert sich immer mehr der Tangente im Punkte B. Die Tangente in B steht daher auf der Geraden BA senkrecht. Ist $BU \parallel EC$, so liegt die Gerade BU näher zur Geraden EC als (die nicht schneidende Gerade) BA; die Grenzlinie durch die Punkte B und B' (deren Tangente im Punkte B auf der Geraden BU senkrecht seht) liegt ausserhalb der Linie gleichen Abstandes.

Dreht man die Linie gleichen Abstandes um die Gerade CE als Axe, so beschreibt sie eine Fläche, deren Punkte von der durch die Gerade AC erzeugten Ebene gleichen Abstand $= h$ haben; diese Fläche heisst daher eine Fläche gleichen Abstandes $= h$. Jeder Punkt,

z. B. *B*, der Linie *BB'* beschreibt dabei einen Kreis, dessen Punkte vom durch den Punkt *A* erzeugten Kreis gleichen Abstand haben.

Das Verhältniss eines Stücks der Linie gleichen Abstandes zum zugehörigen Stück der Geraden ist von der Grösse dieser Stücke unabhängig; man kann daher dafür auch das Verhältniss der Umfänge dieser beiden Kreise setzen.

Der erste Umfang ist $= \mathsf{O}\,BD$, der zweite $= \mathsf{O}\,AC$. Nun ist

$$\mathsf{O}\,BD = \mathsf{O}\,BC\,sin\,BCE, \quad \mathsf{O}\,AC = \mathsf{O}\,BC\,sin\,ABC,$$

also das erwähnte Verhältniss

$$\mathsf{O}\,BD : \mathsf{O}\,AC = sin\,BCE : sin\,ABC.$$

Ist der Punkt *A* fest und entfernt sich der Punkt *C* immer mehr vom Punkte *A*, so wird der Winkel *ACB* immer kleiner, der Winkel *BCE* also immer grösser, und, wenn der Punkt *C* im Unendlichen liegt, so wird $BCE = R$ und $ABC = \Pi(AB) = \Pi(h)$. Es ist daher das erwähnte unveränderliche Verhältniss der Linie gleichen Abstandes zur zugehörigen Strecke ihrer Geraden

$$= 1 : sin\,\Pi(h) = \tfrac{1}{2}(e^{\frac{h}{k}} + e^{-\frac{h}{k}}).$$

Für $h = 0$ fällt die Linie *BB'* mit der Geraden *AA'* zusammen.

Sind die Punkte *B* und *B'* fest und legt man durch dieselben fortgesetzt für alle Abstände *h* von $h = 0$ an bis $h = \infty$ die entsprechenden Linien gleichen Abstandes, so werden diese immer stärker gekrümmt und für $h = \infty$ geht die Linie gleichen Abstandes in die durch die Punkte *B*, *B'* gelegte Grenzlinie über, deren Axe $BU \parallel DC$ ist; denn für $h = \infty$ ist das Verhältniss $= \infty$, also $AA' = 0$, d. h. die Geraden *AB* und *B'A'* schneiden sich im Unendlichen.

Zusatz. Setzt man $BCE = R - ACB$, so folgt für das obige Verhältniss

$$cos\,ACB : sin\,ABC = \tfrac{1}{2}(e^{\frac{h}{k}} + e^{-\frac{h}{k}}\,);$$

d. h. wird in dem bei A rechtwinkligen Dreieck ABC die Seite $AB = h$ als unveränderlich vorausgesetzt, so bleibt das Verhältniss $cos\,C : sin\,B$ ebenfalls unveränderlich.

Kreisumfang.

85.

Ist die Gerade $AB \perp AC$, so ist für jeden beliebi-

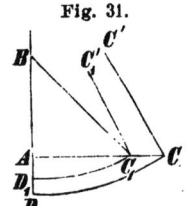

Fig. 31.

gen Punkt C_1 der Geraden AC zufolge des Zusatzes des vorigen Artikels:

$$cos\,ACB : sin\,ABC = cos\,AC_1B : sin\,ABC_1,$$

oder

$$cos\,ACB : cos\,AC_1B = sin\,ABC : sin\,ABC_1.$$

Nun ist

$$\circ AC : \circ AB = sin\,ABC : sin\,ACB$$

$$\circ AC_1 : \circ AB = sin\,ABC_1 : sin\,AC_1B,$$

also

$$\circ AC : \circ AC_1 = \frac{sin\,ABC}{sin\,ABC_1} : \frac{sin\,ACB}{sin\,AC_1B}$$

oder nach der obigen Gleichung

$$\circ AC : \circ AC_1 = cot\,ACB : cot\,AC_1B.$$

Beschreibt man die Grenzbögen CD und C_1D_1 für die Geraden CC' und $C_1C_1' \parallel AB$ als Axen, so ist das Verhältniss dieser Bögen

$$CD : C_1D_1 = \circ AC : \circ AC_1,$$

also

$$CD : C_1D_1 = cot\,ACB : cot\,AC_1B.$$

Setzt man der Kürze halber

$$AC = y, \quad AC_1 = y_1$$
$$CD = r, \quad C_1 D_1 = r_1$$
$$A\dot{C}B = \varphi, \quad AC_1 B = \varphi_1,$$

so ist also

$$\mathsf{O}y : \mathsf{O}y_1 = r : r_1 = \cot \varphi : \cot \varphi_1.$$

Wird AB unendlich, so gehen die Winkel φ und φ_1 in die den Abständen y und y_1 entsprechenden Parallelwinkel ACC' und $AC_1 C_1'$ über; es ist daher

$$r : \cot \varPi(y) = r_1 : \cot \varPi(y_1) = C,$$

wo C eine cònstante Zahl ist. Daraus folgt

$$r = C \cot \varPi(y) = \frac{C}{2}(e^{\frac{y}{k}} - e^{-\frac{y}{k}}),$$

$$\mathsf{O}y = 2\pi r = \pi C (e^{\frac{y}{k}} - e^{-\frac{y}{k}}).$$

Um die Constante C zu bestimmen, berücksichtige man, dass das Verhältniss

$$\frac{r}{y} = \frac{C \cot \varPi(y)}{y}$$

für den Grenzwerth $y = 0$ in die Einheit übergeht. Es ist daher

$$C = \frac{y}{\cot_{,} \varPi(y)} \left.\right\} \text{ für } y = 0.$$

Nun ist allgemein

$$\frac{\cot \varPi(y)}{y} = \frac{1}{k} + \frac{y^2}{3! \, k^3} + \cdots,$$

daraus folgt $C = k$ und

$$\mathsf{O}y = \pi k (e^{\frac{y}{k}} - e^{-\frac{y}{k}}).$$

Aufgaben über Parallele und deren Anwendung.

86.

Aus dem Artikel 34 ergibt sich unmittelbar die Lösung der Aufgabe:

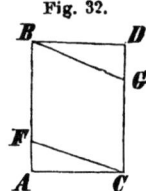

Fig. 32.

Durch einen Punkt B ausserhalb einer Geraden AC eine Parallele BG zur Geraden AC zu ziehen, d. h. zu einer gegebenen Distanz den zugehörigen Parallelwinkel zu finden.

Ist nämlich $BA \perp AC$, $BD \perp BA$, D ein beliebiger Punkt der Geraden BD und $DC \perp CA$, so ist

$$\circ BD : \circ AC = 1 : sin \, \Pi(h),$$

wo $h = AB$ der Abstand und $\Pi(h)$ der zugehörige Parallelwinkel ist. Da $1 > sin \, \Pi(h)$ ist, so folgt $BD > AC$.

Beschreibt man aus dem Punkte C mit dem Radius BD einen Kreis, so schneidet dieser die Gerade AB in einem Punkte, etwa F. Im Dreiecke ACF ist dann

$$\circ CF : \circ CA = 1 : sin \, AFC,$$

also

$$\Pi(h) = AFC.$$

Zieht man durch den Punkt B die Gerade BG derart, dass der Winkel $ABG = AFC$ ist, so ist $BG \parallel AC$.

37.

Zu einem gegebenen Winkel als Parallelwinkel die zugehörige Distanz zu finden.

Hülfssätze:

1) Sind von den drei Senkrechten DD', EE', FF', welche in den Mitten D, E, F der Seiten AB, AC, BC

eines Dreiecks ABC errichtet sind, zwei zu einander parallel, so sind alle drei parallel.

Zieht man von den Spitzen A, B, C des Dreiecks parallele Gerade AA', BB', CC' zu den beiden als parallel vorausgesetzten Senkrechten, so folgt der Beweis unmittelbar aus Artikel 24, 2).

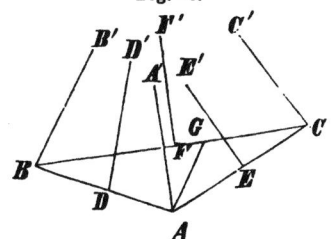

Fig. 33.

2) Sind $2a$, $2b$, $2c$ die Längen der den Winkeln A, B, C gegenüberliegenden Seiten und ist A der grösste Winkel, so finden in diesem Falle zwischen den Seiten und Winkeln folgende Gleichungen statt:

$$A = \Pi(b) + \Pi(c)$$
$$B = \Pi(c) - \Pi(a)$$
$$C = \Pi(b) - \Pi(a).$$

3) Macht man nun $A'AG = B'BC = \Pi(a)$, so schneiden sich die Geraden AG und BC in einem Punkte, etwa G; dabei ist im Dreieck ACG, wegen $GAC = \Pi(b) - \Pi(a) = C$, $AG = CG$.

Daraus folgt die Lösung der vorliegenden Aufgabe auf folgende Art: Ist $B'BC$ der gegebene Winkel, so kann man (vermittelst des vorigen Artikels) für eine hinreichend kleine Distanz BD einen Parallelwinkel $B'BD > B'BC$ erhalten. Macht man $DA = BD$, $A'A \parallel BB'$, $A'AG = B'BC$ und (auf der Geraden BC) $GC = AG$, so bestimmt die Mitte F der Strecke BC die dem Winkel $B'BC$ entsprechende Distanz BF.

88.

Es sei die Gerade $AA' \parallel BB'$; zu einem gegebenen Punkte A der Geraden AA' soll der Punkt B der Geraden BB' derart bestimmt werden, dass Winkel $A'AB$ $= B'BA$.

Man ziehe ausserhalb der Ebene AA' BB' die Gerade $CC' \parallel AA'$, mache $AC \perp CC'$, CD $= AC$ und $DD' \parallel CC'$.

Fig. 34.

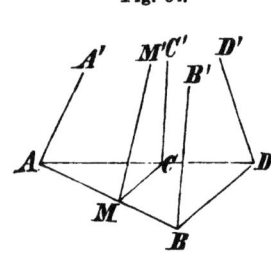

Durch die Gerade CC' lege man eine Ebene derart, dass sie mit der Ebene AA' CC' denselben Winkel bildet wie die Ebene DD' BB' und bestimme nach Artikel 19 ihre Durchschnittslinie MM' mit der Ebene AA' BB'. Die Gerade $AB \perp MM'$ bestimmt den gesuchten Punkt B.

Legt man nämlich durch den Punkt A für die Axe AA' eine Grenzfläche, so bilden auf derselben die vier Ebenen AA' DD', AA' BB', DD' BB', CC' MM' zwei ähnliche Grenzdreiecke, woraus (wegen $AC = CD$) AM $= MB$, also auch $A'AB = B'BA$ folgt.

Anmerkung. Durch die Lösung dieser drei Aufgaben ist die directe Ausführung der in den Artikeln 9, 2), 24—26, 33, 2) u. s. w. vorkommenden Constructionen ermöglicht.

39.

Denkt man sich auf der Grenzfläche die Grenzbögen durch ihre Endpunkte allein bestimmt — analog wie in der Ebene die Strecke —, so kann auf die in dem vorigen Artikel enthaltenen Aufgaben die Lösung der nachstehenden zurückgeführt werden:

1) Einen Grenzbogen zu bestimmen, welcher gleich ist der Summe zweier durch ihre Endpunkte bestimmten Grenzbögen AB und CD.

Man bestimme nach Artikel 36 die den Strecken $\frac{1}{2}AB$ und $\frac{1}{2}CD$ entsprechenden Parallelwinkel $\Pi(\frac{1}{2}AB)$ und $\Pi(\frac{1}{2}CD)$ und lege die Strecken AB und CD unter dem Winkel $\Pi(\frac{1}{2}AB) + \Pi(\frac{1}{2}CD)$ an einander. Der Anfangspunkt A der ersten Strecke und der Endpunkt D der zweiten Strecke bestimmen dann die beiden Endpunkte des gesuchten Grenzbogens.

Auf analoge Art wird ein Grenzbogen bestimmt, welcher gleich ist dem Unterschiede zweier Grenzbögen.

2) Zu drei Grenzbögen SA, AB, SC die vierte geometrische Proportionale CD zu finden.

Dazu dient dasselbe Verfahren wie in der euclidischen Planimetrie. Man lege in einer Ebene $\mathfrak{A}$ (vermittelst zweimaliger Anwendung des Artikels 36) die Sehnen der Bögen SA und AB so an einander, dass die Punkte S, A, B in einer Grenzlinie liegen, d. h. dass der Winkel $SAB = \Pi(\frac{1}{2}SA) + \Pi(\frac{1}{2}AB)$ ist. Ist SS' die Axe dieses Grenzbogens, so lege man durch dieselbe eine beliebige Ebene $\mathfrak{A}'$ und ziehe in dieser die Gerade $CC' \parallel SS'$ derart, dass SC gleich der Sehne des dritten Bogens und der Winkel $S'SC = C'CS$, also $= \Pi(\frac{1}{2}SC)$ ist. Legt man durch BB' eine Ebene unter derselben Neigung mit der Ebene $\mathfrak{A}$ wie die der Ebene $BB'CC'$ und bestimmt nach Artikel 19 deren Durchschnittslinie DD' mit der Ebene $\mathfrak{A}'$, so erhält man die gesuchte vierte Proportionale CD, wenn nach der Aufgabe des Artikels 38 der Punkt D derart bestimmt wird, dass Winkel $D'DC = C'CD$ ist.

In ähnlicher Weise kann die mittlere geometrische Proportionale, u. s. w. construirt werden. Berücksichtigt man ausserdem die Sätze des Artikels 28, so erhält man folgenden allgemeinen Satz:

Auf der Grenzfläche kann man — ohne Rücksicht

auf das euclidische Axiom — alle Constructionen ausführen, welche in der euclidischen Planimetrie möglich sind. Es ist also auch die Theilung von $4R$ in gleiche Theile in denselben Fällen möglich.

Beispiel. Es sei $A'AB = \frac{1}{3}R$, ferner AB so ge-

Fig. 35.,

wählt, dass $BB' \perp AB$ und $\parallel AA'$ ist; bestimmt man auf der Geraden BB' den Punkt C derart, dass $A'AC = B'CA$ ist, so ist $BC = x$ gesetzt, nach Art. 32

$$e^{\frac{x}{k}} = 1 : \sin \tfrac{1}{3}R = 2 ,$$

also x geometrisch construirt.

Wählt man den Winkel $A'AB$ derart, dass

$$\sin A'AB = \frac{1}{e}, \text{ d. i. } A'AB = 21^0\ 35'\ 5''.63$$

ist (was näherungsweise möglich ist), so wird $x = k$.

Beziehung zwischen der Winkelsumme und der Fläche des geradlinigen Dreiecks.

40.

Die Linien gleichen Abstandes gestatten eine Auffindung der Beziehung zwischen der Winkelsumme und der Fläche eines geradlinigen Dreiecks.

Fig. 36.

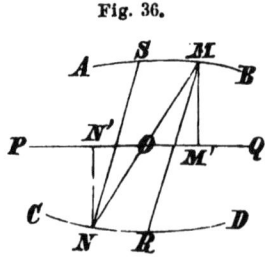

1) Sind AB und CD die beiden Linien gleichen Abstandes h von einer gegebenen Geraden PQ, so wird jede Strecke MN zwischen diesen Linien von der Geraden PQ im Punkte O halbirt. Denn zieht man MM' und $NN' \perp PQ$, so ist

$$\Delta OMM' \cong \Delta ONN',$$

also

$$MO = ON.$$

Aus dieser Congruenz erhält man ausserdem

$$\text{Winkel } AMN = MND.$$

Daraus folgt: Die Summe der drei Winkel eines Dreiecks MNR, dessen eine Seite NR ein Stück einer Linie CD gleichen Abstandes von einer Geraden PQ und dessen gegenüberliegende Spitze M ein Punkt der zweiten Linie AB desselben gleichen Abstandes von der Geraden PQ ist, beträgt zwei Rechte. Denn es ist

$$N + M + R = AMN + NMR + RMB = 2R.$$

Zieht man die Sehne NR, so beträgt also die Winkelsumme des geradlinigen Dreiecks MNR weniger als zwei Rechte.

2) Macht man den Bogen $MS = NR$, so kann man auf das (gemischtlinige) Viereck $NRMS$ die Sätze für die (geradlinigen) Parallelogramme der gewöhnlichen Geometrie anwenden. Daraus folgt: Alle Dreiecke, welche eine Sehne NR eines Bogens der einen Linie CD gleichen Abstandes von der Geraden PQ als Grundlinie und ihre Spitze in einem beliebigen Punkte M der anderen Linie AB (desselben) gleichen Abstandes haben, sind flächengleich und haben dieselbe Winkelsumme.

Zusatz. Damit kann man die auf die Verwandlung von Dreiecken in flächengleiche bezüglichen Aufgaben lösen; z. B.:

    a) Ein Dreieck in ein gleichschenkliges zu verwandeln.

    b) Ein Dreieck in ein rechtwinkliges zu verwandeln, u. s. w.

41.

Zwei flächengleiche Dreiecke ABC und ABD, welche dieselbe Grundlinie AB haben, haben gleiche Winkelsumme.

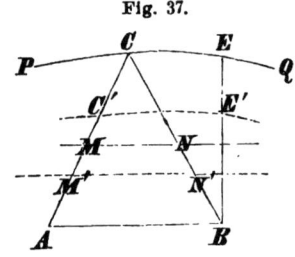

Fig. 37.

.Sind M und N die Mitten der Seiten AC und BC, so sind die Abstände der Punkte A, B, C von der Geraden MN einander gleich, etwa $= h$. Alle Dreiecke, welche die gemeinsame Grundlinie AB und ihre Spitze in der durch den Punkt C gezogenen Linie PQ vom gleichen Abstand $= h$ haben, sind flächengleich und haben gleiche Winkelsumme. Es ist also zu beweisen, dass der Punkt D in der Linie PQ liegt.* Dieser Beweis geschieht indirect. Wäre D kein Punkt dieser Linie, so ziehe man die Gerade BD.

1) Schneidet die Gerade BD die Gerade MN, so schneidet sie auch die Linie PQ, etwa im Punkte E. Aus

$$\varDelta\, ABC = \varDelta\, ABE$$
$$\varDelta\, ABC = \varDelta\, ABD$$

folgt

$$\varDelta\, ABE = \varDelta\, ABD,$$

was unmöglich ist, wenn der Punkt D auf der Strecke BE liegt.

2) Schneidet die Gerade BD nicht die Gerade MN, so nehme man für den Punkt C den Durchschnittspunkt der Senkrechten in der Mitte der Seite AB mit der Linie PQ, d. h. man setze das Dreieck ABC als gleichschenklig

---

* Der Punkt D ist in der Figur, weil er mit dem Punkte E als identisch nachgewiesen wird, nicht bezeichnet; ebenso sind einige überflüssige Linien weggelassen worden.

voraus. Nun wähle man auf den Geraden MA und NB die Punkte M' und N' derart, dass $MM' = NN'$ ist und die Gerade BD die Gerade $M'N'$ schneidet. Legt man durch den Punkt C', wo $M'C' = M'A$ vorausgesetzt ist, eine Linie $C'E'$ gleichen Abstandes zur Geraden $M'N'$, welche der Geraden BD im Punkte E' begegnet, so ist

$$\triangle ABC' = \triangle ABE'$$
$$\triangle ABD < \triangle ABE'$$
$$\triangle ABC' < \triangle ABC,$$

also auch

$$\triangle ABD < \triangle ABC,$$

was gegen die Voraussetzung ist. Der Punkt D der Geraden BD muss daher in die Linie PQ, etwa nach E, fallen.

Zusatz. Nicht congruente Dreiecke von gleicher Grundlinie AB und gleicher Höhe sind nicht flächengleich. Die Linien gleichen Abstandes durch den Punkt C zu den Geraden AB und MN sind verschieden.

42.

1) Zwei flächengleiche Dreiecke ABC und $A'B'C'$ haben gleiche Winkelsumme.

Man kann die Voraussetzung machen, dass in beiden Dreiecken die Geraden durch die Mitten M und N, M' und N' der Seiten AC und BC, $A'C'$ und $B'C'$ auf den Seiten AC und $A'C'$ senkrecht stehen.

Fig. 38.

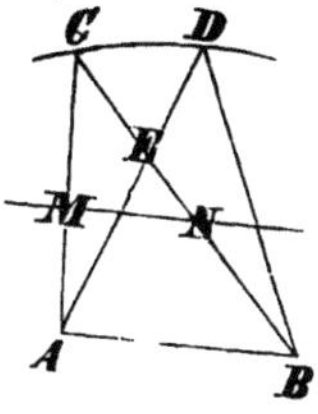

Ist $AC < A'C'$, so bestimme man in der Linie CD gleichen Abstandes zur Geraden MN, den Punkt D derart, dass $AD = A'C'$ wird. Aus der Gleichheit der Flächen der Dreiecke ABC und $A'B'C'$, ABC und ABD, also auch der der Dreiecke $A'B'C'$ und ABD,

folgt nach dem vorigen Artikel die Gleichheit der Winkelsummen der Dreiecke ABC, ABD, $A'B'C'$.

2) Zwei Dreiecke ABC und $A'B'C'$, welche gleiche
Winkelsumme haben, sind flächengleich.

Wäre $\triangle ABC > \triangle A'B'C'$, so sei $\triangle ABE = \triangle A'B'C'$,
wo der Punkt E in der Seite BC vorausgesetzt wird.

Nach 1) haben die Dreiecke ABC und ABE gleiche
Winkelsumme, was nach Artikel 6, 1) nur möglich ist,
wenn die Winkelsumme des Dreiecks ACE zwei Rechte
beträgt.

43.

Die Flächen zweier Dreiecke verhalten sich wie die
Unterschiede ihrer Winkelsummen von zwei Rechten;
d. h. ist

$$A + B + C = 2R - u, \quad A' + B' + C' = 2R - u',$$

so ist

$$\triangle ABC : \triangle A'B'C' = u : u'.$$

Ist das Verhältniss der Flächen der Dreiecke gleich
dem Verhältnisse der Zahlen m und m', so theile man das
Dreieck ABC durch Gerade von der Spitze C aus in
m gleiche Dreiecke α und analog das Dreieck $A'B'C'$ durch
Gerade von der Spitze C' aus in m' gleiche Dreiecke α'.
Aus

$$\triangle ABC = m\alpha, \quad \triangle A'B'C' = m'\alpha'$$

folgt die Gleichheit der Flächen und Winkelsummen der
Dreiecke α und α'. Ist $2R - E$ die Winkelsumme eines
dieser Dreiecke, so erhält man für die Winkelsumme des
Dreiecks ABC den Werth

$$m(2R - E) - (m - 1)2R = 2R - mE$$

und für die Winkelsumme des Dreiecks $A'B'C'$ den Werth
$2R - m'E$; es ist also

und
$$u = mE, \quad u' = m'E$$
$$u : u' = m : m'.$$

Ist f die Fläche des Dreiecks, so ist daher
$$f = \lambda u,$$
wo λ eine Constante ist.

Ebene Trigonometrie.

44.

Für das bei C rechtwinklige Dreieck ABC erhält man aus Artikel 29, 1)
$$\bigcirc a = \bigcirc c \sin A.$$

Setzt man für $\bigcirc a$ und $\bigcirc c$ nach Artikel 35 ihre Werthe, so ist

1) $$e^{\frac{a}{k}} - e^{-\frac{a}{k}} = (e^{\frac{c}{k}} - e^{-\frac{c}{k}}) \sin A,$$
ebenso
$$e^{\frac{b}{k}} - e^{-\frac{b}{k}} = (e^{\frac{c}{k}} - e^{-\frac{c}{k}}) \sin B.$$

Ferner ist nach Artikel 34, Zusatz

2) $$\cos A : \sin B = \tfrac{1}{2}(e^{\frac{a}{k}} + e^{-\frac{a}{k}}),$$
ebenso
$$\cos B : \sin A = \tfrac{1}{2}(e^{\frac{b}{k}} + e^{-\frac{b}{k}}).$$

Aus diesen Gleichungen folgt
$$\sin A = \frac{e^{\frac{a}{k}} - e^{-\frac{a}{k}}}{e^{\frac{c}{k}} - e^{-\frac{c}{k}}}$$

$$\cos A = \tfrac{1}{2}(e^{\frac{a}{k}} + e^{-\frac{a}{k}}) \frac{e^{\frac{b}{k}} - e^{-\frac{b}{k}}}{e^{\frac{c}{k}} - e^{-\frac{c}{k}}},$$

welche Werthe in

$$\sin A^2 + \cos A^2 = 1$$

gesetzt, geben

$$(e^{\frac{c}{k}} - e^{-\frac{c}{k}})^2 = \tfrac{1}{4}(e^{\frac{a}{k}} + e^{-\frac{a}{k}})^2(e^{\frac{b}{k}} - e^{-\frac{b}{k}})^2 + (e^{\frac{a}{k}} - e^{-\frac{a}{k}})^2.$$

Addirt man zu beiden Seiten die Zahl 4, so erhält man mit Berücksichtigung, dass

$$(e^{\frac{x}{k}} + e^{-\frac{x}{k}})^2 = (e^{\frac{x}{k}} - e^{-\frac{x}{k}})^2 + 4,$$

$$(e^{\frac{c}{k}} + e^{-\frac{c}{k}})^2 = \tfrac{1}{4}(e^{\frac{a}{k}} + e^{-\frac{a}{k}})^2(e^{\frac{b}{k}} + e^{-\frac{b}{k}})^2,$$

woraus, da e^x für jeden reellen Werth von x positiv ist,

3) $\qquad \tfrac{1}{2}(e^{\frac{c}{k}} + e^{-\frac{c}{k}}) = \tfrac{1}{2}(e^{\frac{a}{k}} + e^{-\frac{a}{k}}) \cdot \tfrac{1}{2}(e^{\frac{b}{k}} + e^{-\frac{b}{k}})$

folgt.

Aus den Gleichungen 2) folgt durch Multiplication

4) $\qquad\qquad \cot A \cot B = \tfrac{1}{2}(e^{\frac{c}{k}} + e^{-\frac{c}{k}}).$

Vermittelst der Gleichungen 1) bis 4) können sämmtliche auf das rechtwinklige Dreieck bezüglichen Aufgaben gelöst werden.

45.

Ein beliebiges Dreieck kann durch Zerlegung in zwei rechtwinklige aufgelöst werden, ebenso können aus den Formeln für das rechtwinklige Dreieck die für das beliebige Dreieck geltenden hergeleitet werden. Diese Ableitung wird durch folgende Bemerkung* erleichtert: Die Formeln für das rechtwinklige geradlinige Dreieck gehen in die Formeln für das rechtwinklige sphärische Dreieck über, wenn man statt der Verhältnisse der Seiten $\dfrac{a}{k}, \dfrac{b}{k}, \dfrac{c}{k}$

resp. $a i, b i, c i$ (wo $i = \sqrt{-1}$ ist) und für k den Radius

* Lobatschewsky, geometrische Untersuchungen, S. 60.

der Kugel setzt. Man kann daher bei der Ableitung der allgemeinen Gleichungen der ebenen Trigonometrie aus denen des rechtwinkligen Dreiecks nicht nur denselben Gang einschlagen, wie bei der Ableitung der allgemeinen Gleichungen für das sphärische Dreieck aus denen des rechtwinkligen, sondern sogar aus den allgemeinen Gleichungen für das sphärische Dreieck die für das ebene erhalten, indem man $\dfrac{ai}{k}$, $\dfrac{bi}{k}$, $\dfrac{ci}{k}$ statt der Seiten a, b, c setzt. Man erhält dadurch folgende Gleichungen der ebenen Trigonometrie:

$$e^{\frac{a}{k}} - e^{-\frac{a}{k}} : e^{\frac{b}{k}} - e^{-\frac{b}{k}} = \sin A : \sin B$$

$$\frac{e^{\frac{a}{k}} + e^{-\frac{a}{k}}}{2} = \frac{e^{\frac{b}{k}} + e^{-\frac{b}{k}}}{2} \cdot \frac{e^{\frac{c}{k}} + e^{-\frac{c}{k}}}{2}$$

$$- \frac{e^{\frac{b}{k}} - e^{-\frac{b}{k}}}{2} \cdot \frac{e^{\frac{c}{k}} - e^{-\frac{c}{k}}}{2} \cdot \cos A$$

$$\frac{2 \sin B \cot A}{e^{\frac{c}{k}} + e^{-\frac{c}{k}}} + \cos B = \frac{e^{\frac{c}{k}} - e^{-\frac{c}{k}}}{e^{\frac{c}{k}} + e^{-\frac{c}{k}}} : \frac{e^{\frac{a}{k}} \quad e^{-\frac{a}{k}}}{e^{\frac{a}{k}} + e^{-\frac{a}{k}}}$$

$$\cos A \cos B + \cos C = \frac{e^{\frac{c}{k}} + e^{-\frac{c}{k}}}{2} \sin A \sin B .$$

Die Auflösung der Aufgaben geschieht auf ganz ähnlichem Wege wie bei den entsprechenden Aufgaben der sphärischen Trigonometrie.

Zusatz 1. Die vorstehenden Gleichungen stimmen mit den von Lobatschewsky gegebenen überein, wenn man statt

$$\frac{e^{\frac{x}{k}} + e^{-\frac{x}{k}}}{2} , \quad \frac{e^{\frac{x}{k}} - e^{-\frac{x}{k}}}{e^{\frac{x}{k}} + e^{-\frac{x}{k}}} , \quad \frac{e^{\frac{x}{k}} - e^{-\frac{x}{k}}}{2} .$$

resp.

$$1 : sin\, \varPi(x),\quad cos\, \varPi(x),\quad cot\, \varPi(x)$$

setzt. Aus den Gleichungen 1) bis 4) erhält man für das rechtwinklige Dreieck

$$cot\, \varPi(a) = cot\, \varPi(c)\, sin\, A$$
$$sin\, \varPi(b)\, cos\, B = sin\, A$$
$$sin\, \varPi(c) = sin\, \varPi(a)\, sin\, \varPi(b)$$
$$tan\, A\, tan\, B = sin\, \varPi(c),$$

und analog für das schiefwinklige Dreieck

$$cot\, \varPi(a) : cot\, \varPi(b) = sin\, A : sin\, B$$

$$cos\, A\, cos\, \varPi(b)\, cos\, \varPi(c) + \frac{sin\, \varPi(b)\, sin\, \varPi(c)}{sin\, \varPi(a)} = 1$$

$$cot\, A\, sin\, B\, sin\, \varPi(c) + cos\, B = \frac{cos\, \varPi(c)}{cos\, \varPi(a)}$$

$$cos\, A\, cos\, B + cos\, C = \frac{sin\, A\, sin\, B}{sin\, \varPi(c)}.$$

Zusatz 2.· Eine compendiösere Form erhalten die Gleichungen der Trigonometrie durch Einführung der hyperbolischen Functionen

$$sin\, h\, x = \frac{e^x - e^{-x}}{2}, \quad cos\, h\, x = \frac{e^x + e^{-x}}{2}, \quad \text{u. s. w.}$$

Dadurch erhält man für die allgemeinen Gleichungen

$$sin\, h\, \frac{a}{k} : sin\, h\, \frac{b}{k} = sin\, A : sin\, B$$

$$cos\, h\, \frac{a}{k} = cos\, h\, \frac{b}{k}\, cos\, h\, \frac{c}{k} - sin\, h\, \frac{b}{k}\, sin\, h\, \frac{c}{k}\, cos\, A$$

$$\frac{sin\, B\, cot\, A}{cos\, h\, \dfrac{c}{k}} + cos\, B = tan\, h\, \frac{c}{k} : tan\, h\, \frac{a}{k}$$

$$cos\, A\, cos\, B + cos\, C = cos\, h\, \frac{c}{k} sin\, A\, sin\, B.$$

Unendlich kleine Figuren, absolute Geometrie.

46.

Setzt man in den vorhergehenden Formeln die Verhältnisse $\frac{a}{k}$, $\frac{b}{k}$, $\frac{c}{k}$ sehr klein voraus, so erhält man die Gleichungen (siehe Anhang, Artikel 8)

$$a : b = \sin A : \sin B$$
$$a^2 = b^2 + c^2 - 2\,b\,c\,\cos A$$
$$\sin B \cot A + \cos B = \frac{c}{a}$$
$$\cos A \cos B + \cos C = \sin A \sin B.$$

Die beiden letzteren lassen sich auf die Form bringen

$$a \sin (A + B) = c \sin A$$
$$\cos (A + B) + \cos C = 0.$$

Daraus folgt

$$a \sin (A + B + C) = a \sin (A + B) \cos C + a \cos (A + B) \sin C$$
$$= c \sin A \left[\cos C + \cos (A + B)\right] = 0,$$

d. h.

$$A + B + C = 2R.$$

Die Formeln der nichteuclidischen Trigonometrie gehen also in die der euclidischen Trigonometrie über, wenn man die Verhältnisse der Seiten a, b, c zur Grösse k als sehr klein voraussetzt.

Diese Kleinheit der Verhältnisse tritt ein, wenn entweder für ein endliches k die Seiten a, b, c sehr klein sind, oder für endliche Seiten a, b, c die Grösse k als sehr gross vorausgesetzt wird. (Siehe Anhang, Artikel 9.)

Aus der ersten Voraussetzung folgt: Für unendlich kleine Figuren gilt die gewöhnliche Geometrie unabhängig vom Parallelen-Axiom. Die zweite Voraussetzung gestattet die Auffassung der gewöhnlichen (euclidischen) Geometrie als speciellen Fall der nichteuclidischen Geometrie, indem man nur die Constante k so gross voraussetzt, dass man für unsere Messungen mit den obigen, genäherten Formeln ausreicht. Aus diesem Grunde kann die nichteuclidische Geometrie die absolute Geometrie genannt werden, indem sie vom Parallelen-Axiom, dessen Unbeweisbarkeit hier unmittelbar klar ist, als unabhängig betrachtet werden kann.

Anmerkung. Da das Nichtstattfinden der euclidischen Geometrie in der Wirklichkeit an grossen Figuren sich zeigen müsste, so hat Lobatschewsky aus astronomischen Beobachtungen Dreiecke gebildet, deren Seiten ungefähr von der Grösse der Entfernung der Erde von der Sonne waren. Als Resultat dieser Untersuchung hat sich ergeben, dass bei solchen Dreiecken die Winkelsumme noch immer nicht von zwei Rechten um eine solche Grösse abweicht, welche die aus den Beobachtungsfehlern herrührenden Grenzen übersteigt. Auch W. Bolyai bemerkt, dass man sich wegen der Uebereinstimmung der auf das euclidische Axiom sich stützenden astronomischen Rechnungen mit den Beobachtungen in der Praxis mit um so grösserer Sicherheit der gewöhnlichen Geometrie bedienen könnte.

47.

Aus dem Vorstehenden ist unmittelbar klar, in welchen Theilen die euclidische und die nichteuclidische Geometrie übereinstimmen. Dass dieses in allen auf Congruenz allein sich stützenden Beziehungen der Fall ist, wurde bereits im Artikel 13 erwähnt. In Beziehungen, die eine Parallelen-Voraussetzung erfordern, kann eine Uebereinstimmung nur bei unendlich kleinen Figuren oder bei solchen endlichen, welche durch unendlich kleine ersetzt werden können, eintreten. Beispiele hierzu sind folgende Sätze:

1) Zwei Gerade BB' und CC', welche mit einer dritten AA' nach derselben Richtung parallel sind, sind mit einander parallel. (Vergl. Artikel 9, 3.) Man gehe in der Geraden AA' (in der Richtung des Parallelismus) bis zu einem Punkte, dessen Entfernungen von den Geraden BB' und CC' unendlich klein sind (Artikel 14, 2). Eine senkrechte Ebene auf die Gerade AA' in diesem Punkte ist auch senkrecht auf BB' und CC', also $BB' \| CC'$.

2) Die Summe der drei Keile dreier Ebenen, die sich in parallelen Geraden schneiden, ist gleich zwei Rechte. Beweis wie 1).

3) Die sphärische Trigonometrie ist unabhängig vom Parallelen-Axiom. Man beschreibe eine concentrische Kugel mit unendlich kleinem Radius; durch das gegebene Dreieck ist ein unendlich kleines sphärisches Dreieck bestimmt, welches mit ihm gleiche Seiten und gleiche Winkel hat.

Bei endlichen Figuren, die sich nicht durch unendlich kleine ersetzen lassen, müssen die unter Voraussetzung des euclidischen elften Axioms abgeleiteten Beziehungen von denen unter Voraussetzung der nichteuclidischen Geometrie erhaltenen verschieden sein.

Anmerkung. Die Congruenz-Voraussetzung erfordert, dass für ein System der Geometrie die im Artikel 31 eingeführte Grösse k unveränderlich bleibt; denn k bedeutet die bestimmte Entfernung zweier zusammengehöriger Grenzbogen, deren Verhältniss eine gegebene Zahl $= e$ ist. Für die verschiedenen Werthe von k erhält man verschiedene Systeme der Geometrie, für $k = \infty$ erhält man die euclidische Geometrie.

Im Falle des Stattfindens eines dieser Systeme der Geometrie in der Wirklichkeit, müsste für die Lösung der Aufgaben auf dem Wege der Rechnung die Grösse k gegeben sein. Die Aufgaben der ebenen Trigonometrie und ihre Lösungen sind dann ganz analog denen der sphärischen Trigonometrie.

Punkt und Linien-Element in der Ebene.

48.

Für die Bestimmung der Punkte einer Ebene denke man sich in derselben eine bestimmte unbegrenzte Gerade XX' als Axe und in dieser einen bestimmten Punkt O als Anfang gegeben.

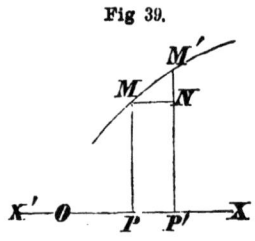

Fig 39.

Um den Punkt M zu bestimmen, ziehe man $MP \perp XX'$; die Strecken $OP = x$ und $MP = y$ bestimmen die Lage des Punktes M eindeutig, wenn die Grösse x auf der einen Seite des Punktes O positiv, auf der entgegengesetzten negativ, die Grösse y auf der einen Seite der Geraden XX' positiv, auf der entgegengesetzten negativ genommen wird.

Die Grössen x und y heissen die Coordinaten des Punktes M.

Eine Gleichung $y = f(x)$, wo y eine stetige Function von x ist, hat zu ihrem geometrischeu Orte eine stetige Linie.

Anmerkung. Die hier gegebene Bestimmung eines Punktes ist mit der Bestimmung durch rechtwinklige Coordinaten identisch; nur lassen sich die Coordinaten (x, y) nicht durch Abschnitte auf den Axen XX' und YY' versinnlichen. Legt man nämlich durch den Punkt O die Gerade $YY' \perp XX'$, so ist die durch die Senkrechte MQ auf der Geraden YY' bestimmte Strecke OQ von y verschieden.

49.

Ist M' ein zweiter Punkt, sind $OP' = x'$ und $M'P' = y'$ dessen Coordinaten, so ist $PP' = x' - x = \varDelta x$. Legt man durch den Punkt M eine Linie MN gleichen Abstandes $= y$ zur Geraden XX', welche die Gerade $M'P'$ im Punkte N schneidet, so ist $M'N = y' - y = \varDelta y$. Dabei ist nach Artikel 34 der Bogen

$$MN = \tfrac{1}{2}(e^{\frac{y}{k}} + e^{-\frac{y}{k}})\, \varDelta x.$$

Sind M und M' zwei unendlich nahe liegende Punkte, so erhält man für das unendlich kleine (bei N rechtwinklige) Dreieck $MM'N$

$$\overline{MM'}^2 = \overline{MN}^2 + \overline{M'N}^2$$

oder, wenn $MM' = ds$ gesetzt wird,

$$ds^2 = \tfrac{1}{4}(e^{\frac{y}{k}} + e^{-\frac{y}{k}})^2 dx^2 + dy^2.$$

Sind M und M' Punkte einer Linie, deren Gleichung $y = f(x)$ (oder $\varphi(x, y) = 0$) gegeben ist, so kann man ds durch eine Variable und deren Differential ausdrücken.

Grenzlinie.

50.

Ist OX eine Axe der Grenzlinie, so erhält man

aus Art. 32 $\qquad e^{\frac{x}{k}} = 1 : sin\, \Pi(y)$

aus Art. 33, 4) $\quad e^{\frac{y}{k}} = cot\tfrac{1}{2}\Pi(y).$

Eliminirt man $\Pi(y)$, so erhält man als Gleichung der Grenzlinie

$$e^{\frac{x}{k}} = \frac{e^{\frac{y}{k}} + e^{-\frac{y}{k}}}{2}.$$

Durch Differentiation folgt

$$dx = \frac{e^{\frac{y}{k}} - e^{-\frac{y}{k}}}{e^{\frac{y}{k}} + e^{-\frac{y}{k}}} \, dy,$$

also

$$ds = \tfrac{1}{2}(e^{\frac{y}{k}} + e^{-\frac{y}{k}}) \, dy.$$

Integrirt man, so erhält man wie in Artikel 35 für den von O an gezählten Grenzbogen

$$s = \frac{k}{2}(e^{\frac{y}{k}} - e^{-\frac{y}{k}}) = k \cot \Pi(y).$$

Gleichung der Geraden.

51.

Die Gleichung der Geraden erhält man aus ihrer Eigenschaft, dass sie die kürzeste Verbindung zweier Punkte $M_1 = (x_1, y_1)$ und $M_2 = (x_2, y_2)$ bestimmt. Es muss daher für die Gerade das Integral

$$J = \int \sqrt{\tfrac{1}{4}(e^{\frac{y}{k}} + e^{-\frac{y}{k}})^2 \, dx^2 + dy^2}$$

zwischen den den Punkten M_1 und M_2 entsprechenden Grenzen ein Minimum werden. Betrachtet man x als Function von y und setzt der Kürze halber

$$\frac{dx}{dy} = x', \quad \sqrt{\tfrac{1}{4}(e^{\frac{y}{k}} + e^{-\frac{y}{k}})^2 \, x'^2 + 1} = V,$$

so muss also das Integral

$$J = \int_{y_1}^{y_2} V \, dy$$

ein Minimum werden. Die Bedingung dafür ist

$$\delta J = \int\limits_{y_1}^{y_2} \frac{\partial V}{\partial x'} \cdot \frac{d\delta x}{dy}\, dy = 0.$$

oder

$$\frac{\partial V}{\partial x'}\,\delta x\bigg\}_{y_1}^{y_2} - \int\limits_{y_1}^{y_2} \frac{d}{dy}\left(\frac{\partial V}{\partial x'}\right)\delta x\, dy = 0,$$

also, wegen $\delta x_1 = \delta x_2 = 0$,

$$\frac{d}{dy}\left(\frac{\partial V}{\partial x'}\right) = 0$$

oder

$$\frac{\partial V}{\partial x'} = C,$$

wo C eine willkürliche Constante bedeutet. Entwickelt man $\frac{\partial V}{\partial x'}$, so erhält man

$$\frac{\frac{1}{4}(e^{\frac{y}{k}} + e^{-\frac{y}{k}})^2\, x'}{\sqrt{\frac{1}{4}(e^{\frac{y}{k}} + e^{-\frac{y}{k}})\, x'^2 + 1}} = C;$$

mithin

$$dx = \frac{C\, dy}{\frac{1}{2}(e^{\frac{y}{k}} + e^{-\frac{y}{k}})\sqrt{\frac{1}{4}(e^{\frac{y}{k}} + e^{-\frac{y}{k}})^2 - C^2}}$$

oder

$$dx = \frac{C\, e^{-\frac{2y}{k}}\, dy}{\frac{1}{2}(1 + e^{-\frac{2y}{k}})\sqrt{\frac{1}{4}(1 + e^{-\frac{2y}{k}})^2 - C^2 e^{-\frac{2y}{k}}}}.$$

Setzt man

$$\frac{1 + e^{-\frac{2y}{k}}}{2} = z,$$

so wird

$$dx = \frac{-Ck\, dz}{z\sqrt{z^2 - 2C^2 z + C^2}}.$$

Integrirt man, so wird

$$x + D = k\log \frac{C(e^{\frac{y}{k}} - e^{-\frac{y}{k}}) + \sqrt{(e^{\frac{y}{k}} + e^{-\frac{y}{k}})^2 - 4C^2}}{C(e^{\frac{y}{k}} + e^{-\frac{y}{k}})},$$

wo D eine willkürliche Constante bedeutet. Daraus folgt

$$Ce^{\frac{x+D}{k}}(e^{\frac{y}{k}} + e^{-\frac{y}{k}}) = C(e^{\frac{y}{k}} - e^{-\frac{y}{k}}) + \sqrt{(e^{\frac{y}{k}} + e^{-\frac{y}{k}})^2 - 4C^2}.$$

Setzt man

$$e^{\frac{D}{k}} = a, \quad \frac{1}{C^2} = 1 - ab,$$

so erhält man

1) $$e^{\frac{x}{k}} = \frac{e^{\frac{y}{k}} - e^{-\frac{y}{k}} \pm \sqrt{(e^{\frac{y}{k}} - e^{-\frac{y}{k}})^2 - ab(e^{\frac{y}{k}} + e^{-\frac{y}{k}})^2}}{a(e^{\frac{y}{k}} + e^{-\frac{y}{k}})}.$$

Schafft man die Wurzel weg und kürzt durch $e^{\frac{y}{k}} + e^{-\frac{y}{k}}$ ab, so erhält man

2) $$(e^{\frac{y}{k}} + e^{-\frac{y}{k}})(ae^{\frac{x}{k}} + be^{-\frac{x}{k}}) = 2(e^{\frac{y}{k}} - e^{-\frac{y}{k}}).$$

Anmerkung. Für sehr grosse Werthe von k folgt aus der Gleichung 2)

$$y = c + dx,$$

wo

$$a + b = \frac{2c}{k}, \quad a - b = 2d$$

ist.

52.

Aus der Gleichung 1) des vorigen Artikels folgt: Damit $e^{\frac{x}{k}}$ reell ist, muss die Bedingung erfüllet werden

$$(e^{\frac{y}{k}} - e^{-\frac{y}{k}})^2 - ab(e^{\frac{y}{k}} + e^{-\frac{y}{k}})^2 > 0.$$

1) Sind a und b verschieden bezeichnet, so ist $e^{\frac{x}{k}}$ immer reell; damit jedoch x reell ist, muss $e^{\frac{x}{k}}$ positiv sein.

Ist a positiv, so ist für das obere Zeichen x reell; ist a negativ, so ist für das untere Zeichen x reell.

Für $y = 0$, erhält man

$$e^{\frac{x}{k}} = \sqrt{-\frac{b}{a}}.$$

Die Gerade schneidet daher die Axe XX'.

2) Sind a und b gleich bezeichnet und zwar positiv, so ist für ein positives y der Ausdruck $e^{\frac{x}{k}}$ reell, wenn

$$e^{\frac{y}{k}} - e^{-\frac{y}{k}} \gtreqless \sqrt{ab}\,(e^{\frac{y}{k}} + e^{-\frac{y}{k}}),$$

d. h. wenn $y \gtrless y_0$ ist, wo

$$e^{\frac{2y_0}{k}} = \frac{1 + \sqrt{ab}}{1 - \sqrt{ab}}.$$

Für jeden Werth von y, welcher dieser Bedingung entspricht, sind beide Werthe von $e^{\frac{x}{k}}$ positiv, d. h. jedem (positiven) y entsprechen zwei zugehörige Werthe von x. Ist ξ die Mitte der beiden Werthe von x, welche mit x_1 und x_2 bezeichnet werden sollen, also $2\xi = x_1 + x_2$, so folgt aus der Gleichung der Geraden

$$e^{\frac{x_1 + x_2}{k}} = \frac{b}{a} \ \text{ oder } \ e^{\frac{\xi}{k}} = \sqrt{\frac{b}{a}},$$

welcher Werth von y unabhängig ist.

Der zum Werthe $x = \xi$ zugehörige Werth von y ist

$$e^{\frac{2y}{k}} = \frac{1 + \sqrt{ab}}{1 - \sqrt{ab}},$$

d. i. y_0.

Nimmt man den Punkt $x = \xi$ als neuen Anfang, so erhält man als Gleichung der Geraden (indem man $x = \xi + x'$ setzt und schliesslich x' durch x ersetzt)

$$2')\ (e^{\frac{y}{k}} + e^{-\frac{y}{k}})\,(e^{\frac{x}{k}} + e^{-\frac{x}{k}}) = \frac{2}{\sqrt{ab}}(e^{\frac{y}{k}} - e^{-\frac{y}{k}}).$$

Sind a und b positiv, so ist für jeden negativen Werth von y der zugehörige Werth von x imaginär.

Dieselben Beziehungen finden statt, wenn a und b negativ und y positiv vorausgesetzt wird.

53.

Löst man die Gleichung 2) nach y auf, so erhält man

$$e^{\frac{2y}{k}} = \frac{1 + \tfrac{1}{2}(a\,e^{\frac{x}{k}} + b\,e^{-\frac{x}{k}})}{1 - \tfrac{1}{2}(a\,e^{\frac{x}{k}} + b\,e^{-\frac{x}{k}})}.$$

Für·

d. h. für

$$1 - \tfrac{1}{2}(a\,e^{\frac{x}{k}} + b\,e^{-\frac{x}{k}}) = 0$$

3)

$$e^{\frac{x}{k}} = \frac{1 \pm \sqrt{1 - ab}}{a}$$

wird $y = +\infty$. Hingegen für

d. i. für

$$1 + \tfrac{1}{2}(a\,e^{\frac{x}{k}} + b\,e^{-\frac{x}{k}}) = 0$$

4)

$$e^{\frac{x}{k}} = \frac{-1 \pm \sqrt{1 - ab}}{a}$$

wird $y = -\infty$.

Sind a und b verschieden bezeichnet, so ist das obere oder untere Zeichen zu nehmen, je nachdem a positiv oder negativ ist. Man erhält dadurch die beiden entgegengesetzt bezeichneten Ordinaten, welche der Geraden nach ihren beiden Richtungen parallel sind. Sind a und b gleich bezeichnet und zwar positiv, so erhält man aus 3) ($1 > ab$ vorausgesetzt) zwei positive Ordinaten, welche zur Geraden nach ihren beiden Richtungen parallel sind.

Sind x_1 und x_2 die beiden Werthe von x aus 3), so folgt

$$e^{\frac{x_2}{k}} = \frac{1 - \sqrt{1 - ab}}{a} = \frac{b}{1 + \sqrt{1 - ab}}.$$

Bezieht man die Coordinaten x auf den Anfang der Gleichung 2'), so wird $a = b$, also x_2 entgegengesetzt mit x_1.

Aus der Gleichung

$$e^{\frac{2y}{k}} = \frac{1 + \frac{\varrho}{2}(e^{\frac{x}{k}} + e^{-\frac{x}{k}})}{1 - \frac{\varrho}{2}(e^{\frac{x}{k}} + e^{-\frac{x}{k}})},$$

wo $\varrho = \sqrt{ab}$ ist, folgt, dass für $x = 0$, die Ordinate y ein Minimum wird.

Analoge Resultate erhält man, wenn a und b negativ sind.

Zusatz. Aus der Gleichung 2) erhellet unmittelbar, dass eine Vertauschung der Zeichen von a und b in die entgegengesetzten die Ordinate $+ y$ in $- y$ verwandelt.

Entfernung zweier Punkte.

54.

Setzt man in

$$ds = dy \sqrt{\tfrac{1}{4}(e^{\frac{y}{k}} + e^{-\frac{y}{k}})^2 x'^2 + 1}$$

für x' den Werth aus der Differentialgleichung der Geraden

$$x' = \frac{C}{\tfrac{1}{2}(e^{\frac{y}{k}} + e^{-\frac{y}{k}}) \sqrt{\tfrac{1}{4}(e^{\frac{y}{k}} + e^{-\frac{y}{k}})^2 - C^2}},$$

so erhält man

$$ds = \frac{\frac{1}{2}(e^{\frac{y}{k}} + e^{-\frac{y}{k}})\,dy}{\sqrt{\frac{1}{4}(e^{\frac{y}{k}} + e^{-\frac{y}{k}})^2 - C^2}}$$

oder

$$ds = \frac{k\,du}{\sqrt{u^2 + m^2}},$$

wenn

$$u = \tfrac{1}{2}(e^{\frac{y}{k}} - e^{-\frac{y}{k}}), \quad m^2 = 1 - C^2$$

gesetzt wird.

Daraus folgt durch Integration für die von einem beliebigen Punkt der Geraden (als Anfang) gezählte Entfernung des Punktes $(x'y)$ der Geraden

$$e^{\frac{s+E}{k}} = \tfrac{1}{2}(e^{\frac{y}{k}} - e^{-\frac{y}{k}}) + \sqrt{\tfrac{1}{4}(e^{\frac{y}{k}} + e^{-\frac{y}{k}})^2 - C^2},$$

wo E eine willkürliche Constante bedeutet.

Aus der Gleichung der Geraden folgt

$$\sqrt{(e^{\frac{y}{k}} + e^{-\frac{y}{k}})^2 - 4C^2} = Ca(e^{\frac{y}{k}} + e^{-\frac{y}{k}})e^{\frac{x}{k}} - C(e^{\frac{y}{k}} - e^{-\frac{y}{k}});$$

damit erhält man

$$e^{\frac{s+E}{k}} = \frac{C}{2}a(e^{\frac{y}{k}} + e^{-\frac{y}{k}})e^{\frac{x}{k}} + \frac{1-C}{2}(e^{\frac{y}{k}} - e^{-\frac{y}{k}})$$

$$= \frac{C}{2}Z,$$

wo

$$Z = a(e^{\frac{y}{k}} + e^{-\frac{y}{k}})e^{\frac{x}{k}} + \left(\frac{1}{C} - 1\right)(e^{\frac{y}{k}} - e^{-\frac{y}{k}}).$$

Drückt man die Constante C durch die Constanten a und b aus und bezieht den Factor $\frac{C}{2}$ in die Constante E ein, so erhält man

$$e^{\frac{s+E}{k}} = Z,$$

wo

$$Z = a(e^{\frac{y}{k}} + e^{-\frac{y}{k}})e^{\frac{x}{k}} + (\sqrt{1 - ab} - 1)(e^{\frac{y}{k}} - e^{-\frac{y}{k}}).$$

Sind $M_1 = (x_1, y_1)$ und $M_2 = (x_2, y_2)$ zwei Punkte, $d = s_2 - s_1$ deren Entfernung, Z_1 und Z_2 die zugehörigen Werthe von Z, so erhält man

$$e^{\frac{d}{k}} = \frac{Z_2}{Z_1}.$$

Bestimmt man aus den Gleichungen

$$(e^{\frac{y_1}{k}} + e^{-\frac{y_1}{k}})(a e^{\frac{x_1}{k}} + b e^{-\frac{x_1}{k}}) = 2(e^{\frac{y_1}{k}} - e^{-\frac{y_1}{k}})$$

$$(e^{\frac{y_2}{k}} + e^{-\frac{y_2}{k}})(a e^{\frac{x_2}{k}} + b e^{-\frac{x_2}{k}}) = 2(e^{\frac{y_2}{k}} - e^{-\frac{y_2}{k}})$$

die Constanten a und b und setzt sie in die obige Gleichung für die Distanz d, so erhält man letztere ausgedrückt durch die Coordinaten der Punkte M_1 und M_2.

Zusatz. Betrachtet man einen der beiden Punkte, etwa den Punkt M_1, als fest und bestimmt alle Punkte M_2, deren Entfernung d von M_1 constant $= r$ ist, so erhält man die Gleichung des Kreises, dessen Mittelpunkt der Punkt M_1 und dessen Radius $= r$ ist.

Anmerkung. Für sehr grosse Werthe von k folgt aus der obigen Formel der Distanz die Gleichung

$$d^2 = (x_2 - x_1)^2 + (y_2 - y_1)^2.$$

Punkt, Linien-Element und Gerade im Raume.

.55.

Um die Lage eines Punktes im Raume zu bestimmen, denke man sich eine bestimmte Ebene als Grundebene, in dieser eine bestimmte Gerade als Axe und in letzterer einen bestimmten Punkt als Anfang.

Von dem zu bestimmenden Punkt M ziehe man eine Senkrechte $MP = z$ auf die Grundebene, welche positiv genommen wird auf der einen Seite der Grundebene, negativ auf der entgegengesetzten. In der Grundebene werden die Coordinaten x, y des Punktes P nach Artikel 48 bestimmt. Die Grössen x, y, z heissen die Coordinaten des Punktes M.

56.

Ist $M' = (x', y', z')$ ein zweiter Punkt, so lege man durch den Punkt M eine Fläche gleichen Abstandes $= z$ zur Grundebene, welche der Senkrechten $M'P = z'$ im Punkte N begegnet; dabei ist nach Artikel 34 der Bogen

$$MN = \tfrac{1}{2}(e^{\frac{z}{k}} + e^{-\frac{z}{k}})\,PP'.$$

Sind M und M' zwei unendlich nahe Punkte, ds deren Entfernung, so ist

$$ds^2 = \overline{MN}^2 + \overline{M'N}^2$$

$$ds^2 = \tfrac{1}{4}(e^{\frac{z}{l}} + e^{-\frac{z}{k}})^2\,\overline{PP'}^2 + dz^2.$$

Nach Artikel 49 ist

$$\overline{PP'}^2 = \tfrac{1}{4}(e^{\frac{y}{k}} + e^{-\frac{y}{k}})^2\,dx^2 + dy^2,$$

also

$$ds^2 = \tfrac{1}{16}(e^{\frac{y}{k}} + e^{-\frac{y}{k}})^2(e^{\frac{z}{k}} + e^{-\frac{z}{k}})^2\,dx^2$$
$$+ \tfrac{1}{4}(e^{\frac{z}{k}} + e^{-\frac{z}{k}})^2\,dy^2 + dz^2.$$

57.

Sind die Gleichungen einer Linie gegeben, so erhält man durch Integration die Länge des Bogens zwischen zwei Punkten.

Die Gleichungen der Geraden können vermittelst der Variationsrechnung aus der Bedingung der kürzesten Entfernung zweier Punkte erhalten werden. Bequemer erhält man jedoch dieselben mit Zuziehung der Resultate der Artikel 51 und 54.

Man kann nämlich die Gerade MM' durch die Gleichung der Geraden PP' in der Grundebene (d. i. ihrer Projection) und durch die Gleichung der Geraden MM' auf die Gerade PP' bezogen bestimmen.

1) Die Gleichung der Geraden PP' sei

$$(e^{\frac{y}{k}} + e^{-\frac{y}{k}})(ae^{\frac{x}{k}} + be^{-\frac{x}{k}}) = 2(e^{\frac{y}{k}} - e^{-\frac{y}{k}}).$$

2) Ist u die Entfernung des Punktes P von irgend einem festen Punkte A der Geraden PP' als Anfang, so ist die Gleichung der Geraden MM' für die Axe PP'

$$(e^{\frac{z}{k}} + e^{-\frac{z}{k}})(re^{\frac{u}{k}} + se^{-\frac{u}{k}}) = 2(e^{\frac{z}{k}} - e^{-\frac{z}{k}}),$$

wo r und s Constante sind.

Setzt man in diese Gleichung für u seinen Werth nach Artikel 54

$$u = K + k \log Z,$$

so erhält man die Gleichung der Geraden MM' für die Axe PP' in den Coordinaten x, y, z gegeben; die Constanten $e^{\frac{K}{k}}$ und $e^{-\frac{K}{k}}$ können in die Constanten r und s einbezogen werden. Die vier Constanten a, b, r, s können durch Bedingungen, welchen die Gerade MM' unterworfen ist, bestimmt werden.

In ähnlicher Weise kann die Entfernung zweier Punkte bestimmt werden.

Flächenbestimmung ebener Figuren.

58.

Die Flächenbestimmungen (der absoluten Geometrie) werden durch Zerlegung der gegebenen Fläche in unendlich kleine Elemente, auf welche man also die gewöhnliche Geometrie anwenden kann, durchgeführt.

Um die Fläche z einer ebenen Figur, begrenzt von zwei Ordinaten einer krummen Linie, dem Bogen derselben und der Abscissenaxe zu bestimmen, zerlege man die Fläche zwischen zwei unendlich nahen Ordinaten MP und MP' (Figur des Artikel 48) durch unendlich nahe Linien gleichen Abstandes mit der Axe XX' in rechteckige Elemente. Ist h der Abstand einer dieser Linien, dh die Entfernung je zweier Linien gleichen Abstandes, so ist die Fläche des zugehörigen Elementes

$$d^2 z = \tfrac{1}{2}(e^{\frac{h}{k}} + e^{-\frac{h}{k}})\, dx\, dh.$$

Daraus folgt für die Grösse dz des Streifens zwischen den beiden Ordinaten MP und MP', indem man von $h = 0$ bis $h = y$ integrirt,

$$dz = \frac{k}{2}(e^{\frac{y}{k}} - e^{-\frac{y}{k}})\, dx.$$

59.

Kreisfläche. Die Fläche eines Kreises kann durch concentrische Kreise in unendlich schmale Ringe und jeder dieser Ringe durch unendlich nahe Radien in unendlich kleine rechteckige Elemente zerlegt werden.

Man erhält dadurch für die Fläche eines Ringes vom Radius x und von der Breite dx den Werth

$$0\, x\, dx = \pi k (e^{\frac{x}{k}} - e^{-\frac{x}{k}})\, dx;$$

integrirt man von $x = 0$ bis $x = r$, so erhält man die Fläche des Kreises vom Radius r

$$\pi k^2 (e^{\frac{r}{k}} + e^{-\frac{r}{k}} - 2) = \pi k^2 (e^{\frac{r}{2k}} - e^{-\frac{r}{2k}})^2.$$

Zusatz. Ist ϱ die Länge eines Grenzbogens, dessen Sehne $= r$ ist, so ist nach Artikel 35

$$\frac{\varrho}{2} = k \cot \Pi\left(\frac{r}{2}\right) = \frac{k}{2}(e^{\frac{r}{2k}} - e^{-\frac{r}{2k}}),$$

also

$$\pi \varrho^2 = \pi k^2 (e^{\frac{r}{2k}} - e^{-\frac{r}{2k}})^2;$$

d. h. ein Kreis auf der Grenzfläche mit dem Radius ϱ ist flächengleich dem ebenen Kreis, dessen Radius die Sehne r des Grenzbogens ϱ ist.

60.

Um die Fläche zwischen den ·zwei Grenzbögen $AB = s$ und $A'B' = s'$ und den Axenstücken $AA' = BB' = l$ zu bestimmen, theile man (wie in Artikel 31) die Strecke AA' in unendlich kleine Theile $= dx$ und lege durch die Theilungspunkte Grenzbögen. Ist x die Entfernung eines Grenzbogens vom Bogen $A'B'$, so ist

$$s' e^{\frac{x}{k}} dx$$

die zwischen den Grenzbögen, deren Abstände x und $x + dx$ sind, enthaltene Fläche, also das zwischen den Grenzen 0 und l genommene Integral

$$k s' (e^{\frac{l}{k}} - 1) = sk - s'k$$

die Gesammtfläche. Um die von einem Bogen s und den Axen der Endpunkte bestimmte Fläche zu erhalten, setze man $s' = 0$.

61.

Dreiecksfläche. Für die Bestimmung des constanten Verhältnisses λ der Fläche f eines Dreiecks zu ihrem Unterschiede u der Winkelsumme von $2R$ (vergl. Art. 43),

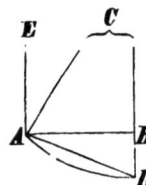

Fig. 40.

denke man sich ein Dreieck ABC, wo der der Seite AB anliegende Winkel $B=R$ ist und der Punkt C im Unendlichen liegt, d. h. der Winkel $C=0$ oder $AC \parallel BC$ ist. Ist $AE \perp AB$, so ist der Winkel

$$EAC = 2R - A - B = u.$$

Zieht man den Grenzbogen AD, so ist nach Artikel 35

$$AD = k \cot \Pi(AB) = k \tan u.$$

' Die Fläche S begrenzt vom Grenzbogen AD und den Axen AC und DC ist nach Artikel 60

$$\cdot S = k \cdot AD = k^2 \tan u,$$

mithin das Verhältniss

$$\frac{S}{ABC} = \frac{k^2 \tan u}{\lambda u} = \frac{k^2}{\lambda} \cdot \frac{\tan u}{u}.$$

Mit dem Verschwinden der Seite AB geht das Verhältniss $\dfrac{AD}{AB}$, also auch die Verhältnisse $\dfrac{S}{ABC}$ und $\dfrac{\tan u}{u}$ in die Einheit über. Es ist daher

$$\lambda = k^2,$$

also die Fläche f eines beliebigen Dreiecks, dessen Winkel A, B, C sind,

$$f = k^2 u = k^2 (\pi - A - B - C).$$

Anmerkung. Die Winkeleinheit muss so gewählt werden, dass $\dfrac{\tan u}{u} = 1$ wird für $u = 0$. Diess ist in der gewöhnlichen Geometrie der Fall, wenn der Winkel durch den zugehörigen Kreisbogen gemessen wird und ein dem Radius gleicher Bogen als Einheit angenommen wird. Da in der absoluten Geometrie das Verhältniss des Umfanges des Kreises zum Radius variabel ist, so kann man das Verfahren der gewöhnlichen Geometrie nicht unmittelbar d. i. für jeden beliebigen Radius anwenden. Man kann jedoch nach Artikel 46 den Winkel durch den zwischen den Schenkeln enthaltenen und aus dem

Scheitel als Mittelpunkt mit unendlich kleinem Radius beschriebenen Kreisbogen messen, wobei ein dem Radius gleicher Bogen als Einheit angenommen wird.

<h2 style="text-align:center">62.</h2>

Vieleck. Sind $A_1, A_2, \ldots A_n$ die (innern) Winkel eines hohlwinkligen n-Eckes, so ist die Fläche

$$f = k^2 \left[(n-2)\pi - A_1 - A_2 - \ldots - A_n \right].$$

Ist das Vieleck regulär, so ist $A_1 = A_2 = \ldots = A_n = A$, also

$$f = k^2 \left[(n-2)\pi - nA \right].$$

Für $A_1 = A_2 = \ldots = A_n = 0$ wird die Fläche $= (n-2)\pi k^2$ ein Maximum.

Für $A = B = C = 0$, wird die Fläche des Dreiecks $= \pi k^2$ ein Maximum. Um dieses Dreieck zu construiren, ziehe man in einem Punkte A einer Geraden $A'A''$ die Gerade $AB \perp A'A''$ und bestimme nach Artikel 37 die Geraden CD und EF derart, dass

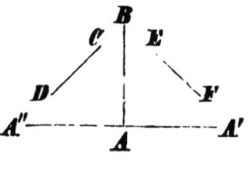

Fig. 41.

$$CD \parallel AA'', \quad DC \parallel AB$$
$$EF \parallel AA', \quad FE \parallel AB$$

ist. Durch krumme Linien wird ein solches Dreieck durch die beistehende Figur versinnlicht.

Fig. 42.

<h2 style="text-align:center">63.</h2>

Anwendungen: 1) Zufolge der im Artikel 39 enthaltenen Aufgaben ist die Construction eines regulären Vierecks möglich, dessen Fläche $= \pi k^2$ ist.

Es werde in dem bei C rechtwinkligen Dreiecke ABC

der Winkel $A = \frac{1}{4}R$, $B = \frac{1}{4}R$ vorausgesetzt. Aus Art. 44 Gleichung 2)

$$\frac{\cos\frac{1}{2}R}{\sin\frac{1}{4}R} = \frac{1}{2}(e^{\frac{a}{k}} + e^{-\frac{a}{k}})$$

folgt, indem man für $\cos\frac{1}{2}R$ und $\sin\frac{1}{4}R$ die Werthe

$$\cos\frac{1}{2}R = \frac{1}{2}\sqrt{2} \text{ und } \sin\frac{1}{4}R = \frac{1}{2}\sqrt{2-\sqrt{2}}$$

setzt,

$$e^{\frac{a}{k}} + e^{-\frac{a}{k}} \doteq \frac{2\sqrt{2}}{\sqrt{2-\sqrt{2}}};$$

und daraus

$$e^{\frac{a}{k}} = \sqrt{\frac{\sqrt[4]{2}+1}{\sqrt[4]{2}-1}},$$

welcher Ausdruck — da nur zweite Wurzeln vorkommen — geometrisch construirt werden kann. Damit erhält man dann (analog wie im Beispiele des Artikels 39) die Seite a. Die Fläche des eben construirten Dreiecks ist $= \frac{1}{4}\pi k^2$. Durch Anlegung eines congruenten Dreiecks $A'B'C'$, dessen Hypotenuse $A'B'$ mit der Seite AB zusammenfällt, erhält man ein Viereck $ACBC'$, in welchem drei rechte Winkel und ein Winkel $= \frac{1}{4}R$ sind, und aus vier solchen Vierecken kann man ein reguläres Viereck zusammensetzen, dessen Seiten $= 2a$ und dessen Winkel $= \frac{1}{2}R$ sind.

2) In ganz analoger Weise kann man ein reguläres n-Eck von der Fläche πk^2 construiren, wenn $n = 2^p . 3^\alpha . 5^\beta . 17^\gamma \ldots$ ist, wo α, β, γ, $..=0$ oder 1 ist. Denn aus

$$f = \pi k^2 = k^2 [(n-2)\pi - nA]$$

folgt

$$A = (n-3)\frac{2R}{n}.$$

Vermöge der von Gauss entdeckten Kreistheilung*

---

* Disquisitiones arithm. sectio septima. — Frischauf, Vorlesungen über Zahlentheorie. Fünfter Abschnitt.

können in diesem Falle die Functionen $\cos\dfrac{2R}{n}$ und $\sin\dfrac{2R}{n}$ u. s. w. durch zweite Wurzeln ausgedrückt werden; ist x die Seite eines rechtwinkligen Dreiecks, dessen gegenüberliegender Winkel $=\dfrac{2R}{n}$ und dessen anliegender Winkel $=(n-3)\dfrac{R}{n}$ ist, so kann der Ausdruck X, wo

$$X = \tfrac{1}{2}(e^{\frac{x}{k}} + e^{-\frac{x}{k}}) = \frac{\cos\dfrac{2R}{n}}{\sin(n-3)\dfrac{R}{n}}$$

ist, also auch $e^{\frac{x}{k}}$ und mithin auch x geometrisch construirt werden. Das $2n$fache dieses Dreiecks ist gleich πk^2.

Unter der Voraussetzung der obigen Form für die Zahl n kann also die Fläche πk^2 in n gleiche Theile getheilt werden. Es ist daher auch die Construction eines Vielecks von der Fläche

$$f = \frac{m}{n}\pi k^2,$$

wo m beliebig und n von der obigen Form ist, möglich.

3) Bedeutet ϱ den zur Sehne r gehörigen Grenzbogen, so ist die Fläche des ebenen Kreises vom Radius r (nach Artikel 59, Zusatz)

$$\pi\varrho^2 = \pi k^2 \tan u^2,$$

wo mit Beibehaltung der Figur des Artikels 61, $u = EAC$ und die Sehne $AD = r$ ist.

Da man (nach Artikel 36) den Winkel u für jeden Werth von r durch Construction erhält, so kann man $\tan u$ als das Verhältniss zweier Grenzbögen also auch (siehe Anhang, Artikel 11) $\tan u^2$ geometrisch construiren. Die Fläche eines ebenen Kreises ist daher geometrisch quadrirt vermittelst einer geradlinigen Figur ($= \pi k^2$) und vermittelst gleichförmiger Linien derselben Art (Grenzbögen, welche bezüglich ihrer Vergleichung sich wie Strecken verhalten). Da $\pi \varrho^2$ die Fläche eines Kreises auf der Grenzfläche ist, so ist auf dieselbe Art auch der Kreis auf der Grenzfläche quadrirt. Ob daher das elfte euclidische Axiom stattfindet, oder die eben erwähnte Construction, ist für das Resultat gleichgültig.

Ist $tan\, u^2$ eine ganze Zahl oder ein Bruch $\dfrac{m}{n}$, wo der Nenner n die erwähnte Gauss'sche Form hat, so kann man nach dem Vorigen ein (ebenes) Vieleck construiren, dessen Fläche der Fläche des Kreises gleich ist.

Flächenbestimmung räumlicher Figuren.

64.

Um das constante Verhältniss einer Fläche gleichen Abstandes $= h$ zur zugehörigen Fläche ihrer Ebene zu bestimmen, begrenze man auf letzterer ein unendlich kleines Rechteck mit den Seiten a und b ab.

Die zugehörigen Seiten a' und b' des Flächenelements der Fläche gleichen Abstandes sind durch

$$a' = \frac{a}{2}\left(e^{\frac{h}{k}} + e^{-\frac{h}{k}}\right),\ b' = \frac{b}{2}\left(e^{\frac{h}{k}} + e^{-\frac{h}{k}}\right),$$

das Flächenelement also durch

$$a'b' = ab\left(\frac{e^{\frac{h}{k}} + e^{-\frac{h}{k}}}{2}\right)^2$$

bestimmt.

65.

Die krumme Oberfläche z, welche von dem Stück q einer Linie gleichen Abstandes $= h$ durch Umdrehung um ihre Gerade erzeugt wird, ist

$$z = \mathbf{O}\,h \,.\, q$$

$$z = \pi k (e^{\frac{h}{k}} - e^{-\frac{h}{k}}) \,.\, \tfrac{1}{2}p(e^{\frac{h}{k}} + e^{-\frac{h}{k}}) = \tfrac{1}{2}\pi k p (e^{\frac{2h}{k}} - e^{-\frac{2h}{k}}),$$

wo p das dem Bogen q entsprechende Stück der Geraden ist.

66.

Kugelabschnitt. Es sei A der Pol des Kugelabschnittes, $AOB = \varphi$ der halbe Mittelpunktswinkel, p der Umfang des grössten Kreises. Ist $BC \perp OA$, so ist

Fig. 43.

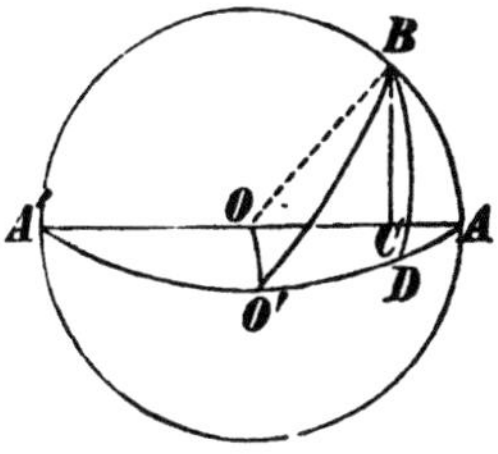

$$\mathbf{O}\,BC = p \sin \varphi.$$

Ist x die Länge des Kreisbogens AB, so ist

$$x : p = \varphi : 2\pi,$$

also

$$dx = \frac{p}{2\pi}\,d\varphi.$$

Die Fläche dz der durch das Bogenelement dx bestimmten Kugelzone ist

$$dz = \mathbf{O}\,BC\,dx = p \sin \varphi \,.\, \frac{p}{2\pi}\,d\varphi,$$

oder

$$dz = \frac{p^2}{2\pi}\sin \varphi \, d\varphi.$$

Das Integral von 0 bis φ giebt die krumme Fläche des Kugelabschnittes

$$z = \frac{p^2}{2\pi}(1 - \cos \varphi).$$

Für $\varphi = \pi$ erhält man die gesammte Kugelfläche

$$f = \frac{p^2}{\pi}.$$

Daraus folgt (nach Artikel 21) für die Fläche eines sphärischen Dreiecks

$$\frac{p^2}{4\pi^2}(A + B + C - \pi).$$

Zusatz. Der Ausdruck für die krumme Fläche eines Kugelabschnittes lässt sich auf folgende Art umformen: Durch den Umfang des grössten Kreises der Zeichnung denke man sich eine Grenzfläche gelegt, welche von den durch die Radien OA und OB auf die Ebene des Kreises senkrechten Ebenen in den Grenzbögen $O'A$ und $O'B$ geschnitten wird. Zieht man den Grenzbogen $BD \perp AO'$, so erhält man ein Grenzdreieck $BO'D$, in welchem

$$\text{Winkel } O' = \varphi, \quad p = 2\pi O'B,$$

also

$$\frac{O'D}{O'B} = \cos\varphi,$$

$$1 - \cos\varphi = \frac{AD}{O'B} = \frac{2\pi AD}{p}$$

und

$$z = AD \cdot p = \pi AD \cdot AA'$$

ist, wo AA' den Grenzbogen $AO'A'$ bedeutet. Ist AB der Grenzbogen zwischen den Punkten A und B^*, so ist

$$\overline{AB}^2 = AD \cdot AA',$$

also

$$z = \pi\overline{AB}^2.$$

Durch Anwendung des Zusatzes des Artikel 59 folgt: Die krumme Fläche eines Kugelabschnittes ist gleich der Fläche eines (ebenen) Kreises, dessen Radius gleich der

---

* Dieser Grenzbogen ist in der Figur nicht gezeichnet, derselbe ist von dem Kreisbogen AB verschieden.

Strecke zwischen dem Pol und einem Punkte des Umfanges des Schnittkreises ist.

Inhaltsbestimmung.

67.

Um den Inhalt des Körpers, begrenzt von einer ebenen Figur $= p$, der zugehörigen Fläche gleichen Abstandes $= h$, der Fläche durch die senkrechten Geraden der Punkte der Umfänge der beiden Figuren zu bestimmen*, zerlege man den Körper durch unendlich nahe Flächen gleichen Abstandes in Elemente. Ist x der Abstand einer Fläche von der Figur p, dx die Entfernung von der folgenden, so ist (vergl. Art. 64) das Element des Körpers

$$dv = p \left(\frac{e^{\frac{x}{k}} + e^{-\frac{x}{k}}}{2} \right)^2 dx.$$

Das Integral von 0 bis h giebt für den Inhalt

$$v = \tfrac{1}{8} kp \left(e^{\frac{2h}{k}} - e^{-\frac{2h}{k}} \right) + \tfrac{1}{2} p h.$$

68.

Den Inhalt des Rotationskörpers des Artikel 65 erhält man auf die folgende Art: Man zerlege die Fläche, begrenzt von den Linien p und q und den Ordinaten der Endpunkte, durch Linien gleichen Abstandes in Elemente, so bestimmen bei der Umdrehung je zwei auf einander folgende Linien einen ringförmigen Körper. Durch Ebenen, welche auf der Strecke p der Umdrehungsaxe senkrecht sind, wird jeder Ring in Körperelemente zerlegt. Ist x

---

* Analogon des geraden Prismas der gewöhnlichen Geometrie.

der Abstand einer Linie p' gleichen Abstandes von der Axe p, dp und dp' die Stücke der Geraden p und der Abstandslinie p' zwischen je zwei senkrechten Ebenen, so ist der Inhalt dv des Körperelements

$$dv = \mathrm{O}\, x\, dx\, dp' = \tfrac{1}{2} \pi\, k^2 \left(e^{\frac{2x}{k}} - e^{-\frac{2x}{k}} \right) dx\, dp,$$

also der Inhalt eines Ringes (indem man nach p integrirt)

$$= \tfrac{1}{2} \pi\, k^2 p \left(e^{\frac{2x}{k}} - e^{-\frac{2x}{k}} \right) dx,$$

und die Summe der Ringe (indem man von 0 bis h integrirt)

$$v = \tfrac{1}{4} \pi\, k^2 p \left(e^{\frac{h}{k}} - e^{-\frac{h}{k}} \right)^2.$$

69.

Die Kugel zerlege man durch concentrische Kugelflächen in Elemente. Ist x der Radius einer Kugelfläche, dx die Entfernung je zweier Kugelflächen, so ist der Inhalt des Elementes enthalten zwischen diesen beiden Kugelflächen (nach Artikel 66)

$$f\, dx = \pi\, k^2 \left(e^{\frac{x}{k}} - e^{-\frac{x}{k}} \right)^2 dx,$$

also der Inhalt der Kugel

$$v = \tfrac{1}{2} \pi\, k^3 \left(e^{\frac{2r}{k}} - e^{-\frac{2r}{k}} \right) - 2\,\pi\, k^2 r,$$

wo r der Radius ist.

Anhang.

Zu den Voraussetzungen der Geometrie.

1.

Die Gerade und die Ebene mit den im Artikel 2 erwähnten Eigenschaften werden in der Geometrie gewöhnlich axiomatisch vorausgesetzt. Von den Versuchen dieselben durch einfachere Axiome zu ersetzen, soll der von Wolfgang Bolyai* gegebene mitgetheilt werden.

Der Grundgedanke besteht in Folgendem: Um die Ebene zu erhalten, denke man sich von zwei Punkten O und O' (als Mittelpunkten) fortgesetzt (concentrische) Kugeln mit (demselben aber) immer grösser werdenden Radius beschreiben. Der Inbegriff der Durchschnittslinien je zweier Kugelflächen mit gleichem Radius ist eine Ebene.

Dreht man die sämmtlichen Durchschnittslinien d. h. Kreise um die durch die Endpunkte eines Durchmessers eines dieser Kreise bestimmte Gerade als Axe, so bleiben bei dieser Bewegung die Punkte der Axe in Ruhe, während alle übrigen Punkte der Ebene ihre Lage verändern.

---

* Kurzer Grundriss eines Versuchs. S. 48 u. s. f.

2.

Die Durchführung des obigen Gedankens geschieht auf die folgende Art:

1) Der Raum der Geometrie wird als unbegrenzt, unendlich, unveränderlich und überall gleichartig, also auch stetig und unbegrenzt theilbar vorausgesetzt.

2) Jedes Gebilde kann aus irgend einem Theile des Raumes in einen anderen Theil übertragen werden. Sind A, B, C, .. die Punkte dieses Gebildes, welche man sich durch beliebige Linien in starrer Verbindung denkt, was durch $\overline{ABC}$ .. ausgedrückt werden soll, sind ferner nach Ausführung dieser Uebertragung A', B', C' .. die entsprechenden Punkte des Gebildes in dem anderen Raumtheil, so nennt man die Gebilde $\overline{ABC}$ .. und $\overline{A'B'C'}$ .. congruent und bezeichnet dies durch $\overline{ABC}$ .. $\simeq \overline{A'B'C'}$ ..

Sind A und B, A' und B' zwei Punktpaare im Raume von der Eigenschaft, dass $\overline{AB} \simeq \overline{A'B'}$ ist, so sagt man: die Punkte A' und B' haben gleichen Abstand mit den Punkten A und B.

Der Inbegriff aller Punkte M, welche von einem gegebenen Punkt O gleichen Abstand haben, heisst eine Kugelfläche. Diese ist an allen Stellen gleichartig, stetig und theilt den Raum in zwei Bestandtheile: in einen allseitig begrenzten und einen unbegrenzten. Jeder Punkt des begrenzten Theils kann nur in den unbegrenzten gelangen, wenn er durch die Kugelfläche geht. Der Punkt O heisst der Mittelpunkt, der unveränderliche Abstand der Punkte O und M — durch OM bezeichnet — der

Radius der Kugelfläche. Der durch die Kugelfläche ab-
gegrenzte (körperliche) Raum wird eine **Kugel** genannt.
Durch den Mittelpunkt und den Radius ist die Kugelfläche, also auch die Kugel eindeutig bestimmt.

Zu jeder Kugelfläche kann man sich aus demselben
Mittelpunkte eine zweite die erstere einschliessende den-
ken, man sagt dann: die zweite hat einen grösseren
Radius als die erste.

3) Zwei Kugelflächen mit verschiedenen Mittelpunkten
O und O', von denen die eine theilweise innerhalb, theilweise ausserhalb der andern liegt, schneiden sich in einer
Linie, welche Kreislinie genannt wird. Die Kreislinie
ist (nach dem Grundsatze „gleiche Bestimmungen erzeugen
Gleiches") an allen Stellen gleichartig. Daraus folgt:

a) Sind M und N zwei beliebige Punkte der Kreislinie, so kann das Gebilde $\overline{OO'M}$ mit dem Gebilde $\overline{OO'N}$ zur Deckung gebracht werden.

b) Denkt man sich von einem ihrer Punkte, etwa
A, zwei Punkte M und M' nach entgegen-
gesetztem Sinne in gleicher Weise bewegt, so
treffen sie in einem Punkte B derart zusammen,
dass sie durch die beiden Punkte A und B in
zwei congruente Theile zerlegt wird. Man sagt:
die Kreislinie ist von A aus in B halbirt.

In ähnlicher Weise kann jedes der beiden Stücke
AMB und $AM'B$ in zwei congruente Theile zerlegt werden, u. s. w., d. h. man kann sich die Kreislinie aus congruenten Stücken bestehend denken.

4) Umgekehrt: Sind A und B zwei verschiedene
Punkte und ist

$$\overline{OO'A} \backsim \overline{OO'B},$$

so schneiden sich die aus den Mittelpunkten O und O' mit den resp. Radien OA und $O'A$ beschriebenen Kugelflächen S und S' in einer Kreislinie, in welcher die beiden Punkte A und B liegen, daher der Punkt A in dieser Kreislinie durch den Punkt B hindurch bis zur Rückkehr bewegt werden kann.

Sind die Radien OA und $O'A$ einander gleich, so erhellet der Satz unmittelbar; denn jede der Flächen S und S' liegt theilweise innerhalb, theilweise ausserhalb der andern (was nämlich von der Fläche S gilt, gilt auch von der Fläche S').

Sind die beiden Radien verschieden, und ist $O'A$ der kleinere Radius, so wird der Beweis auf die folgende Art geführt:* Aus O' beschreibe man eine Kugel mit dem Radius gleich OA, welche also die Fläche S in einer Kreislinie k schneidet; dadurch wird die Fläche S selbst in zwei Segmente $\mathfrak{z}$ und $\mathfrak{z}'$ zerlegt, wobei die beiden Punkte A und B in demselben Segmente, etwa $\mathfrak{z}$, liegen. Von einem beliebigen Punkt C der Linie k lasse man einen Punkt D

Fig. 44.

in der Linie k bewegen und beschreibe aus C mit dem jedesmaligen Radius CD eine Kugelfläche; diese schneidet die Fläche S in einer Kreislinie l und be-

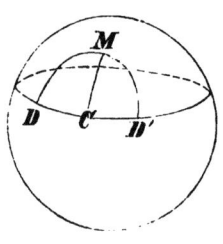

stimmt in der Linie k auf der mit D entgegengesetzten Seite des Punktes C einen Punkt D' derart, dass $CD = CD'$ ist. Das auf dem Segmente $\mathfrak{z}$ liegende Stück DD' der Kreislinie l halbire man im Punkte M (indem man von

---

* Man kann den Satz nicht als evident erklären, ohne die Voraussetzung zu machen, dass zwei Kugelflächen mit verschiedenen Radien nicht zwei Punkte gemein haben können, ohne sich zu schneiden.

D und D' aus Punkte in gleicher Weise bewegen lässt, welche in der Mitte M zusammentreffen). Der Inbegriff aller Mitten M ist eine stetige Linie m, welche sich in allen Punkten der Linie k auf gleiche Weise errichten lässt, so dass ein Punkt C in der Linie k gehend sie auf der Fläche S mitführen kann. Jeder Punkt· der Linie m bleibt bei dieser Bewegung entweder an demselben Ort, d. h. ist ein Ruhepunkt, oder er ist hinsichtlich $\overline{O\,O'}$ gleich bestimmt und bildet daher auf S eine Kreislinie. Ein Ruhepunkt R muss existiren; denn sonst wäre eine letzte Kreislinie vorhanden, auf welche man wieder das vorige Verfahren der Construction der Linie m anwenden könnte. Durch die Bewegung der Linie CR auf der Fläche S wird das ganze Segment $\mathfrak{z}$ beschrieben. Daraus folgt, dass auf dem Segment $\mathfrak{z}$ kein zweiter Ruhepunkt R' existiren kann, weil sonst dasselbe Segment $\mathfrak{z}$ durch die Bewegung der Linien CR und CR' beschrieben würde.

Der Punkt A ist vom Ruhepunkt R verschieden, weil sonst auch B mit R identisch sein müsste, was gegen die Voraussetzung ist, dass A und B verschiedene Punkte sind. Jedem der Punkte A und B entspricht daher bei der Bewegung von m eine Kreislinie, diese beiden Linien müssen (der gleichen Bestimmung von A und B gegen O und O' wegen) mit einander identisch sein.

5) Es sei O der Mittelpunkt einer Kugelfläche S, O' ein beliebiger Punkt derselben: aus dem Punkt O' als Mittelpunkt beschreibe man mit dem Radius $O'O$ eine zweite Kugelfläche S'; beide Kugeln sind von einander verschieden und jede liegt theilweise innerhalb, theilweise ausserhalb der andern, sie schneiden sich daher in einer Kreislinie k. Ebenso schneiden sich die beiden Kugelflächen Σ und Σ', welche aus den Mittelpunkten O und O'

mit gleichem Radius $> OO'$ beschrieben werden, in einem Kreise $\varkappa$; denn alle Punkte der Kugelfläche S', also auch der Kugel Σ', welche innerhalb der Kugelfläche S liegen, liegen auch innerhalb der Fläche Σ.

Ist A ein beliebiger Punkt der Kreislinie k der Flächen S und S', B der zu A zugehörige Halbirungspunkt von k, so existirt in jeder Kreislinie $\varkappa$ eines Flächenpaares

Fig. 45.

Σ und Σ' ein Punkt P derart, dass es im Raume keinen von P verschiedenen Punkt P' gibt, so dass $\overline{ABP} \backsimeq \overline{ABP'}$ ist; dabei geht der Punkt P von A aus stetig durch die Linien $\varkappa$ der immer grösseren Kugelflächenpaare hindurch.

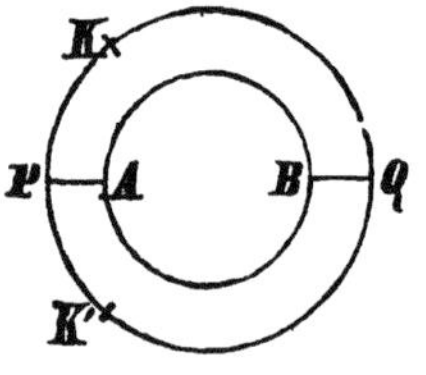

Der Punkt P wird ein Einziges von $\overline{AB}$ genannt, und für jede Kreislinie $\varkappa$ auf die folgende Art bestimmt: Ist K ein beliebiger Punkt von $\varkappa$ und nicht ein Einziges von $\overline{AB}$, so kann nach 4) K um $\overline{AB}$ bis zur Rückkehr bewegt werden. Da $\overline{ABO} \backsimeq \overline{ABO'}$ ist, können die Punkte O und O' mit sammt ihren Kugelflächen um $\overline{AB}$ derart bewegt werden, dass der Punkt O nach O' und der Punkt O' nach O kommt; dabei fällt die Kreislinie $\varkappa$ der neuen Lage von Σ und Σ' mit der Kreislinie k der ursprünglichen Lage zusammen, der Punkt K falle dabei nach K'. Die Mitte der Linie KK' bestimmt den Punkt P der Linie $\varkappa$.

Zu P bestimme man den zugehörigen Halbirungspunkt Q der Kreislinie $\varkappa$. Die Punkte P und Q sind die Mitten der beiden Bögen KK', in welche die Linie $\varkappa$ durch die Punkte K und K' zerlegt wird. Bei der obigen Bewegung um die Punkte A und B sind die Punkte P und Q die Ruhepunkte der Linie $\varkappa$, und dabei ist

$$\overline{ABK} \backsimeq \overline{ABK'} \quad \text{und} \quad \overline{PQK} \backsimeq \overline{PQK'}.$$

Die Punkte P folgen von einem der Punkte A oder B, etwa von A, und die Punkte Q von B an stetig auf einander, wenn die Flächenpaare Σ und Σ' stetig, vom Flächenpaare S und S' an, auf einander folgen.

Der Inbegriff aller Punkte P (ebenso der Punkte Q) ist eine stetige Linie, welche Gerade genannt wird.

Haben zwei Gerade g und γ zwei Punkte gemein, so fallen sie in allen Punkten zusammen. Sind nämlich O und O' die Mittelpunkte des ersten Kugelpaares der Geraden g, Ω und Ω' die der Geraden γ, P und Q die gemeinsamen Punkte der beiden Geraden g und γ, so bewege man (wie im Vorigen) die Kugelsysteme der Mittelpunkte O und Ω derart, dass sie mit den Kugelsystemen der Mittelpunkte O' und Ω' und umgekehrt zusammenfallen. Die Geraden g und γ enthalten die Ruhepunkte der Kreislinien bei dieser Bewegung um $\overline{PQ}$, müssen also zusammenfallen. Durch zwei Punkte ist daher eine und nur eine Gerade bestimmt.

Die Gerade kann aus congruenten Stücken zusammengesetzt gedacht werden, nach den beiden entgegengesetzten Richtungen ins Unbegrenzte verlängert und jedes zwischen zwei Punkten enthaltene Stück, welches eine Strecke genannt wird, ins Unbegrenzte getheilt werden.

Der Abstand zweier Punkte wird durch die zwischen ihnen enthaltene Strecke bestimmt.

8.

Vermittelst der Geraden kann die Ebene auf die folgende Art erhalten werden: Eine Kreislinie als Durchschnittslinie zweier gleicher Kugelflächen werde in den

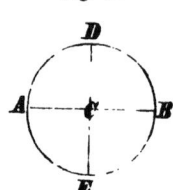

Fig. 46.

Punkten *A* und *B* halbirt. Durch die Punkte *A* und *B* ist eine Gerade bestimmt; es sei ferner *C* die Mitte der Strecke *AB*. Eine der beiden Hälften der Kreislinie werde in *D* halbirt, so ist durch die Punkte *C* und *D* eine zweite Gerade *CD* bestimmt, welche senkrecht auf der Geraden *AB* genannt wird. Dreht man die erhaltene Figur um *AB*, so beschreibt die Gerade *CD* eine Ebene. Denkt man sich diese Figur nochmals und legt sie mit der ersten so zusammen, dass die Geraden *AB* und *BA* sich decken, so werden auch die beiden Ebenen sich decken, d. h. die beiden (entgegengesetzten) Seiten der Ebene sind gleichartig. Jedem Punkt des Raumes auf der einen Seite der Ebene entspricht ein gleichliegender Punkt auf der entgegengesetzten Seite.

Eine Gerade, welche zwei Punkte *M* und *N* mit der Ebene gemein hat, liegt vollständig in der Ebene. Denn bringt man die Gerade *CD* in eine solche Lage, dass sie durch den Punkt *M* geht und bewegt man sie um *AB* so lange bis sie wieder durch den Punkt *N* geht, so muss sie in den Zwischenlagen durch die Punkte der Geraden *MN* gegangen sein; denn sonst müsste eine auf der entgegengesetzten Seite der Ebene liegende gerade Linie existiren, welche ebenfalls durch die Punkte *M* und *N* geht.

Durch drei Punkte *A*, *B*, *C* ist eine und nur eine Ebene bestimmt. Hätten zwei Ebenen 𝔈 und 𝔈' die drei Punkte *A*, *B*, *C* gemein, so hätten sie auch die drei Geraden *AB*, *BC*, *CA* gemein, welche auf jeder der beiden Ebenen eine (von drei geraden Linien gebildete) Figur *ABC* abgrenzen. Ist *P* ein beliebiger Punkt der Ebene 𝔈, so liegt derselbe entweder innerhalb oder ausserhalb dieser

Figur ABC. Liegt P innerhalb, so ziehe man die Gerade AP und verlängere dieselbe von P an ins Unbegrenzte, wodurch die Gerade BC in einem Punkte, etwa D, geschnitten wird. Die Gerade AD, also auch der Punkt P, liegen in beiden Ebenen. Liegt der Punkt P ausserhalb der Figur ABC und z. B. auf der entgegengesetzten Seite von BC mit dem Punkte A, so ziehe man die Gerade PA, welche also die Gerade BC in einem Punkte, etwa D, schneidet; u. s. w.

4.

Beschreibt man aus den Punkten A und B mit den (gleichen) Radien AD und BD Kugelflächen, so schneiden sich diese in einer Kreislinie, welche in der durch die Bewegung der Geraden CD erzeugten Ebene liegt. Dass eine solche Kreislinie einen Mittelpunkt hat, kann leicht bewiesen werden. Ist nämlich E die Mitte der zweiten Hälfte der Kreislinie über AB, so bilden die geraden Linien CD und CE eine Gerade, welche die Gerade AB im Punkte C schneidet, wie aus der Congruenz der vier Quadranten hervorgeht. Es ist daher $AC = BC = DC = EC$. Durch fortgesetztes Halbiren der Bögen AD, DB, BE, EA kann nun die Gleichheit der Abstände eines jeden Punktes der Kreislinie vom Punkte C bewiesen werden. Der Punkt C ist daher der Mittelpunkt.

Ist jedoch die Kreislinie der Durchschnitt zweier Kugelflächen mit verschiedenen Radien, so erfordert der Nachweis der Existenz des Mittelpunktes den Satz, dass von einem Punkte ausserhalb einer Geraden auf diese nur eine einzige Senkrechte möglich ist. Sind nämlich O und O' die Mittelpunkte zweier sich schneidender Kugelflächen mit verschiedenen Radien, M ein beliebiger Punkt der

Schnittlinie, so ziehe man $MP \perp OO'$. Die Distanz MP ist für alle Punkte der Kreislinie constant, also P der Mittelpunkt. Die Kreislinie liegt in der von der Senkrechten MP (bei der Umdrehung um OO') beschriebenen Ebene.

Zur Parallelentheorie.

5.

Dass die Summe der Winkel eines Dreiecks $2R$ beträgt, hat Legendre durch den Nachweis, dass sie nicht grösser oder kleiner als $2R$ sein kann, zu beweisen gesucht. Der erste Theil des Beweises gelang ihm; für den zweiten musste er Voraussetzungen machen; die das Parallelenaxiom ersetzen. Von diesen Versuchen dürfte der nachstehende der einfachste sein:

Durch einen Punkt innerhalb (der Schenkel) eines Winkels kann immer eine Gerade derart gezogen werden, dass sie die beiden Schenkel des Winkels schneidet. Damit lässt sich beweisen, dass die Summe der Winkel eines Dreiecks ABC nicht kleiner als $2R$ sein kann. Man lege

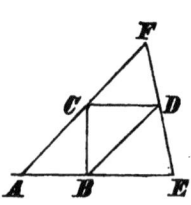

Fig. 47.

an das Dreieck ABC das congruente BCD an und ziehe durch D eine Gerade EF, welche die Schenkel AB und AC schneidet. Wäre die Winkelsumme des Dreiecks $ABC = 2R - x$, die der Dreiecke BDE und CDF resp. $2R - y$ und $2R - z$, so wäre $2R - 2x - y - z$ die Winkelsumme des Dreiecks AEF, dieselbe also $< 2R - 2x$. Durch $n$malige Anwendung dieses Verfahrens erhält man ein Dreieck AMN, in welchem die Winkelsumme kleiner als $2R - 2^n x$, also für ein hinreichend grosses n auch negativ sein könnte.

6.

Das anschaulichste Axiom hat W. Bolyai* ausgesprochen: „Drei Punkte, die nicht in einer Geraden liegen, liegen immer auf einer Kugelfläche."

Die beiden Voraussetzungen: „1) Drei Punkte, die nicht in einer Geraden liegen, liegen auf einer Kugelfläche; 2) drei Punkte, die nicht in einer Geraden liegen, liegen in dem Umfange eines Kreises" sind mit einander identisch. Denn die Senkrechte von dem Mittelpunkte der Kugel auf die Ebene der drei Punkte bestimmt den Mittelpunkt des Kreises, in dessen Umfang die drei gegebenen Punkte liegen;· und umgekehrt: jeder Punkt der Senkrechten im Mittelpunkt des Kreises auf die Ebene dieser drei Punkte kann als Mittelpunkt der Kugel genommen werden.

Für den Beweis des Parallelenaxioms ist die Kenntniss der Sätze der Artikel 1—12 und des Satzes, dass die Senkrechte in der Mitte einer Sehne eines Kreises durch dessen Mittelpunkt geht, erforderlich.

Es seien in einer Ebene die beiden Geraden AA' und BB' gegeben, ferner sei C ein beliebiger Punkt der Geraden BB' und die Gerade $CA \perp AA'$. Ist nun der Winkel ACB' spitz, so schneiden sich die Geraden AA' und BB'. Denn eine Senkrechte vom Punkte A auf die Gerade CB' bestimmt (durch ihren Fusspunkt und den

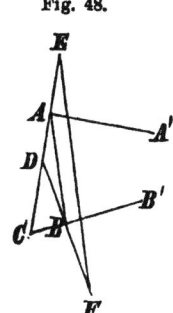

Fig. 48.

---

* Kurzer Grundriss eines Versuchs etc. S. 46 findet sich folgende Stelle (ohne Beweis): „könnten jede 3 Punkte, die nicht in einer Geraden sind, in eine Sphäre fallen; so wäre das Eucl. Ax. XI. bewiesen."

Punkt C) auf letzterer eine Strecke von der Eigenschaft, dass für jeden beliebigen Punkt B dieser Strecke der Winkel ABB' spitz ist. Eine Gerade $BD \perp BB'$ fällt in das Innere des Winkels ABC des Dreiecks ABC, schneidet daher hinreichend verlängert die Seite AC in einem Punkte, etwa D. Verlängert man die Strecke DA um $AE = DA$ und die Strecke DB um $BF = DB$, so liegen die drei Punkte D, E, F in dem Umfange eines Kreises; die Senkrechten vom Mittelpunkt desselben auf die Seiten DE und DF des Dreiecks DEF sind mit den Geraden AA' und BB' identisch. Diese Geraden schneiden sich daher in einem Punkte.

Daraus folgt (mit Zuziehung des Artikels 10) unmittelbar der Beweis des elften euclidischen Axioms.

Anmerkung. Dass unter Voraussetzung der nichteuclidischen Geometrie nicht jede drei Punkte, die nicht in einer Geraden sind, in dem Umfange eines Kreises liegen, ist bereits in der Anmerkung des Artikels 27 erwähnt worden.

Erläuterungen.

7.

Dass aus dieser Gleichung die sämmtlichen Formeln für das rechtwinklige Dreieck erhalten werden können, wird so bewiesen: Es sei zunächst a und $c < R$. Man

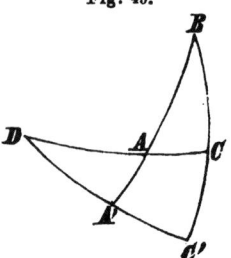
Fig. 49.

verlängere BA und BC derart, dass $BA' = BC' = R$ wird; ist D der Durchschnittspunkt der Bögen CA und $C'A'$, der mit A auf derselben Seite des Bogens BC liegt, so ist $A'C' = B$, $CC' = R - a = D$.

Wendet man die erhaltene Gleichung auf die Seiten AA' und AD des bei A' rechtwinkligen Dreiecks $AA'D$ an, so erhält man

$$sin(R - c) = sin(R - b) \, sin(R - a)$$
$$sin(R - B) = sin(R - b) \, sin A$$

oder

$$cos \, c = cos \, b \, cos \, a$$
$$cos \, B = cos \, b \, sin \, A.$$

Auf analoge Weise wird der Beweis geführt, wenn $c > R$ oder a und $c > R$ sind. (W. Bolyai, tentamen ... tomus secundus, p. 251 § 3).

8.

Aus den Gleichungen

$$\frac{e^{\frac{x}{k}} + e^{-\frac{x}{k}}}{2} = 1 + \frac{x^2}{2! \, k^2} + \frac{x^4}{4! \, k^4} + \cdot \cdot$$

$$\frac{e^{\frac{x}{k}} - e^{-\frac{x}{k}}}{2} = \frac{x}{k} + \frac{x^3}{3! \, k^3} + \cdot \cdot$$

folgen die Näherungswerthe

$$\frac{e^{\frac{x}{k}} + e^{-\frac{x}{k}}}{2} = 1 + \frac{x^2}{2 \, k^2}$$

$$\frac{e^{\frac{x}{k}} - e^{-\frac{x}{k}}}{2} = \frac{x}{k}, \quad \frac{e^{\frac{x}{k}} - e^{-\frac{x}{k}}}{e^{\frac{x}{k}} + e^{-\frac{x}{k}}} = \frac{x}{k}.$$

Die erste Gleichung des Art. 46 ergibt sich unmittelbar. In der zweiten Gleichung vernachlässige man überdiess noch die Glieder mit $\frac{b^2}{k^2} \cdot \frac{c^2}{R^2}$, in der dritten und vierten Gleichung setze man ausserdem für $\frac{e^{\frac{c}{k}} + e^{-\frac{c}{k}}}{2}$ die Einheit.

9.

Dass für die Figuren, deren Dimensionen gegen k unendlich klein sind, die gewöhnliche Geometrie gilt, kann auch aus den Formeln für das rechtwinklige Dreieck erhalten werden.

1) Aus den Gleichungen 1) und 2) des Art. 44 folgt

$$a = c \sin A$$

$$\cos B = \sin A \quad \text{d. h.} \quad A + B = R.$$

Damit erhält man (nach Artikel 6) die gewöhnliche Geometrie.

2) Dasselbe folgt auch aus dem Lobatschewsky'schen Beweise des Satzes, dass — unter der Voraussetzung die Winkelsumme eines endlichen Dreiecks ist kleiner als zwei Rechte — zu jedem Winkel als Parallelwinkel sich die zugehörige Distanz finden lässt.* Der Beweis wird daselbst auf folgende Art geführt: „Ist BAC der gegebene Winkel, so sei in dem bei B rechtwinkligen Dreiecke ABC die Winkelsumme $= 2R - \alpha$. Macht man $BD = AB$, so ist die Winkelsumme des Dreiecks $ADC = 2R - 2\alpha$, also die des Dreiecks $ADE < 2R - 2\alpha$, wo $DE \perp AD$ vorausgesetzt wird. Durch fortgesetzte Wiederholung dieses Verfahrens muss man zu einer Senkrechten gelangen, welche die Gerade AC nicht mehr schneidet. Es muss daher eine (näher an A liegende) Grenzlinie MN existiren, für welche die Senkrechten näher bei A die Gerade AC schneiden; diese

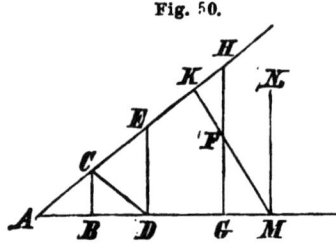

Fig. 50.

---

* Geometrische Untersuchungen S. 19.

Senkrechte ist zu der Geraden AC parallel. Denn zieht man die Gerade MF unter einem beliebig kleinen Winkel mit dieser Grenzlinie und ist F ein Punkt derselben, so erhält man, wenn durch F die Gerade $FG\cdot\perp AB$ gezogen wird, ein Dreieck AGH, in welches die Gerade MF eintritt, also hinreichend verlängert die Gerade AC in einem Punkte, etwa K, schneidet."

Setzt man $AB = a$, so werden für die Dreiecke ADE, .. die Seiten AD, .. resp. $2a$, 2^2a, .. Ist für $AP = 2^n a$ die Construction unmöglich, so muss $2R - 2^n\alpha - \ldots$ bereits $< R + BAC$ geworden sein. Ist a unendlich klein, so muss α ebenfalls unendlich klein sein, weil sonst für eine unendlich kleine Distanz AP die Construction eines bei M rechtwinkligen Dreiecks unmöglich wäre. Der Grenzwerth der Winkelsumme des rechtwinkligen Dreiecks ABC muss daher mit dem Verschwinden der Seite AB die Grösse $2R$ erreichen. (Vergl. Artikel 14, 1).

10.

Die vermittelst Integration erhaltenen Resultate der Artikel 58—60 und 64—69 können elementar durch die nachstehende Formel erhalten werden: Es ist der Grenzwerth des Productes Sh, wo

$$S = 1 + e^{ah} + e^{2ah} + \ldots + e^{(n-1)ah}$$
$$x = nh$$

ist, wenn h unendlich klein vorausgesetzt wird,

$$\lim Sh = \frac{e^{ax} - 1}{a}.$$

Denn es ist

$$Sh = h\frac{e^{nah} - 1}{e^{ah} - 1} = \frac{h}{e^{ah} - 1}(e^{ax} - 1).$$

Nun ist

$$\frac{e^{ah}-1}{h} \qquad a + \frac{a^2 h}{2!} + \cdots,$$

also der Grenzwerth (für $\lim h = 0$) a.

In Zeichen wird dieser Satz ausgedrückt durch

$$\int_{x=0}^{x=(n-1)h} e^{ax}.h \qquad \frac{e^{ax}-1}{a},$$

wo $h = \frac{x}{n}$ ist und n eine unendlich grosse Zahl bedeutet.

Damit erhält man

$$\int_{x=0}^{x=(n-1)h} \sin x.h \qquad 1 - \cos x$$

$$\int_{x=0}^{x=(n-1)h} \cos x.h \qquad \sin x.$$

11.

Ist $\tan u = p : q$, wo p und q Grenzbögen sind, so erhält man $\tan u^2$ durch Construction auf die folgende Art: Man construire auf der Grenzfläche mit den Katheten $AC = p$, $BC = q$ das bei C rechtwinklige Dreieck ABC. Das Verhältniss der Segmente AD und DB, in welche die Hypotenuse AB durch die Gerade $CD \perp AB$ getheilt wird, ist $= \tan u^2$. Denn es ist

$$AD : DB = AC^2 : BC^2 \quad \tan u^2.$$

Nimmt man irgend einen Grenzbogen als Linien-Einheit, so kann man nach Artikel 39, 2) das Verhältniss $AD : DB$ durch eine Linie darstellen.